面向21世纪高校教材
江苏省教育厅组织编写

江苏省普通高校计算机等级考试系列教材

Visual C ++ 程序设计基础
实 验 指 导 书

张岳新 编著

苏 州 大 学 出 版 社

内容简介

本书是作为《Visual C ++ 程序设计基础》配套的实验指导书，内容包括：VC ++ 集成环境介绍，用项目文件来管理应用程序的开发方法，程序设计的基本思想和方法，循环程序设计，函数的应用，数组的基本应用，编译预处理，结构体与指针的应用，类与对象的应用，继承与派生类的应用，利用虚函数编写通用程序的方法，运算符重载的方法。书中的每一个实验都有明确的要求和上机指导，目的是提高读者的编程能力。

本书可作为学习 C ++ 程序设计的配套上机操作指导书。由于本书强调程序设计的思想和方法，可作为学习 C ++ 程序设计的参考书，也可作为教师的参考书。

图书在版编目(CIP)数据

Visual C ++ 程序设计基础实验指导书/张岳新编著．苏州：苏州大学出版社，2001.2(2024.1 重印)
面向 21 世纪高校教材．江苏省普通高校计算机等级考试系列教材
ISBN 978-7-81037-777-5

Ⅰ．V… Ⅱ．张… Ⅲ．C 语言-程序设计-高等学校-教材 Ⅳ．TP312

中国版本图书馆 CIP 数据核字(2001)第 05139 号

Visual C ++ 程序设计基础实验指导书
张岳新 编著
责任编辑 周建兰

苏州大学出版社出版发行
(地址：苏州市十梓街 1 号 邮编：215006)
广东虎彩云印刷有限公司印装
(地址：东莞市虎门镇黄村社区厚虎路20号C幢一楼 邮编：523898)

开本 787×1092 1/16 印张 6.75 字数 168 千
2001 年 2 月第 1 版 2024 年 1 月第18次印刷
ISBN 978-7-81037-777-5 定价：14.00 元

苏州大学版图书若有印装错误，本社负责调换
苏州大学出版社发行科电话：0512-5236943

前　　言

C++程序设计语言具有强大的功能，为程序设计者提供了良好的程序开发环境，可产生模块化程度高、重用性好和可维护性强的程序。目前C++语言已经在各个领域都得到了广泛的应用，能适用于设计各类应用程序和系统程序，特别适合中等和大型程序的开发项目。

在多年从事C和C++程序设计语言的教学过程中，作者体会最深的是，要求学生真正理解和掌握程序设计语言的语法和语义是较容易的，但要求学生掌握程序设计的基本思想和基本方法是不容易的。只有掌握了程序设计的基本思想和基本方法，才能举一反三、应用自如，才能真正提高学生的分析问题和解决问题的能力。在学习的过程中，不少学生都觉得书能读懂，上课能听懂，但自己动手设计程序时，却难以下手。根据多年的教学实践，作者编写本书的主要目的是试图帮助学生解决这一问题。

本书的编写一方面是根据江苏省普通高校非计算机专业学生计算机基础知识应用能力等级考试大纲的要求，另一方面也兼顾到计算机专业的学生学习VC++的需要。全书共有15个实验，前两个实验的主要目的是让读者熟悉VC++的集成环境(以VC++6.0为上机实验环境)；实验3要求读者掌握循环程序设计的基本思想和方法；实验4要求读者掌握自定义函数及其应用的方法；实验5指导读者掌握一个应用程序由多个文件组成时的编译和连接方法，为今后设计中大型程序打好基础；实验6和实验7要求读者掌握数组及结构体的应用方法；实验8和实验9指导读者掌握指针和引用的使用方法，掌握简单链表的处理方法；实验10～14都是面向对象程序设计的，要求读者掌握类与对象的有关概念，掌握利用多态性设计通用程序的基本方法，重载运算符的方法；实验15要求读者掌握文件的基本操作方法。书中的每一个实验都有明确的要求和上机指导，以便提高读者的上机操作能力。书中的附录给出了VC++6.0集成环境下，各菜单功能简介。

书中多数实验都给出了一个供参考的完整程序。每一个实验都着重提高读者的分析问题能力和逐步掌握程序设计的思想和方法。对每一个实验，读者一定要在学习和理解的基础上，根据自己的观点和方法来设计程序，并上机调试程序，绝对不能将参考程序输入计算机，并上机运行一下程序就算完成实验。只有通过自己进行程序设计，并多上机实验，在错误中不断总结经验，才能提高自己的综合能力。

本书可作为江苏省普通高校计算机等级考试指定教材的配套实验教材，也可作为教师的参考用书或自学用书。书中加“*”的上机实验题是有一定难度的，对一般的学生可不作为必做的实验。多数实验都包含两个或三个实验题目，若上机时间不够，可以只做其中的一个上机实验题。

由于编者的水平有限，且时间仓促，书中难免会有不足和错误之处，恳请读者不吝赐教。

作者

2000年12月

目　录

实验 1　熟悉 Visual C ++ 的集成环境

要调试用 Visual C ++（简称 VC ++）语言设计的源程序，首先要熟悉 VC ++ 的集成环境。VC ++ 的集成环境总的来说是比较好用的，但由于其提供的功能比较多，要能灵活应用 VC ++ 集成环境所提供的各种功能，需要多次上机实习才行。

一、目的和要求

1. 掌握 VC ++ 集成环境的启动和退出方法。
2. 熟悉菜单的基本操作技术。
3. 掌握调试一个 VC ++ 程序的基本过程。
4. 打开一个已存在的 VC ++ 源程序文件，并能编译、连接和执行。

二、内容和步骤

1. 启动 VC ++ 集成环境。

可有多种方法启动 VC ++ 集成环境，最基本的方法有两种。一种方法是在安装 VC ++ 时在桌面上制作了一个快捷键图标，只要双击该图标，就可进入 VC ++ 集成环境。另一种方法是：

(1) 单击"开始"按钮。

(2) 在弹出的子菜单中选择"程序"项。

(3) 在弹出的子菜单中选择"Microsoft visual studio 6.0"项。

(4) 在弹出的子菜单中单击"Microsoft visual C ++　6.0"项。

一旦启动了 VC ++ 集成环境，则产生如图 1-1 所示的窗口。

2. 指定 C ++ 源程序文件的文件名和存放该源程序文件的文件夹名。

(1) 单击"File"菜单。

(2) 在弹出的子菜单中单击"New..."子菜单，则产生如图 1-2 所示的对话框。

(3) 单击"Files"标签。

(4) 在窗口左边的选择项中，单击"C ++　Source File"。

(5) 在窗口右边的"Location"文本框中输入要产生源文件存放的文件夹(目录)。如输入"D:\C ++"。注意：在这文本框中输入的文件夹名必须存在。若该文件夹名不存在，可利用"资源管理器"在你所指定的目录中产生该文件夹。

(6) 在窗口右边的"File"文本框中输入要产生 C ++ 源程序文件的文件名，如输入"a"，系统会自动加上文件扩展名".cpp"。

(7) 单击"OK"按钮。

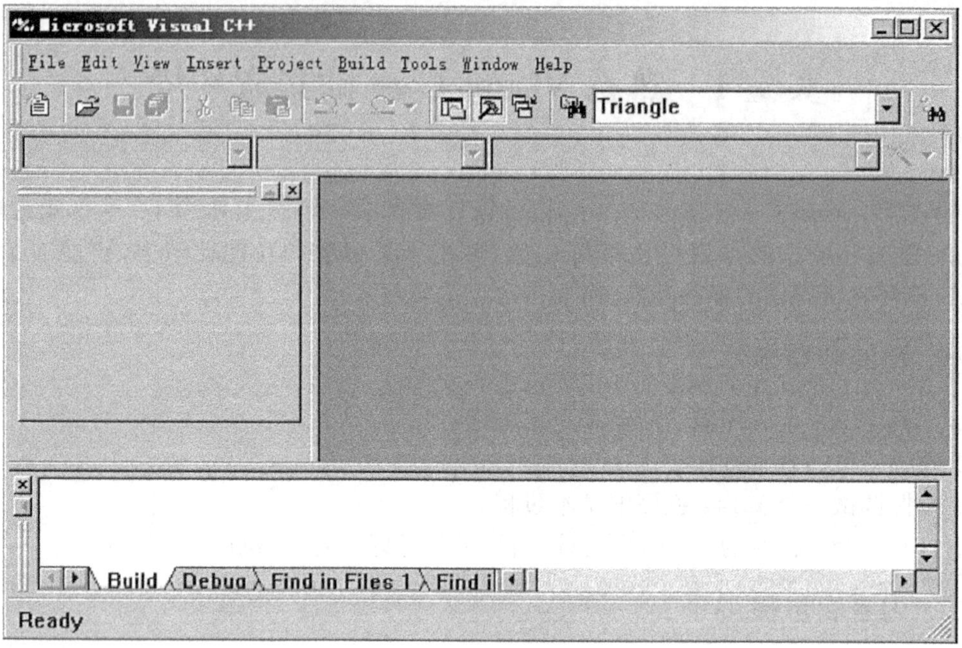

图 1-1 VC ++ 集成环境

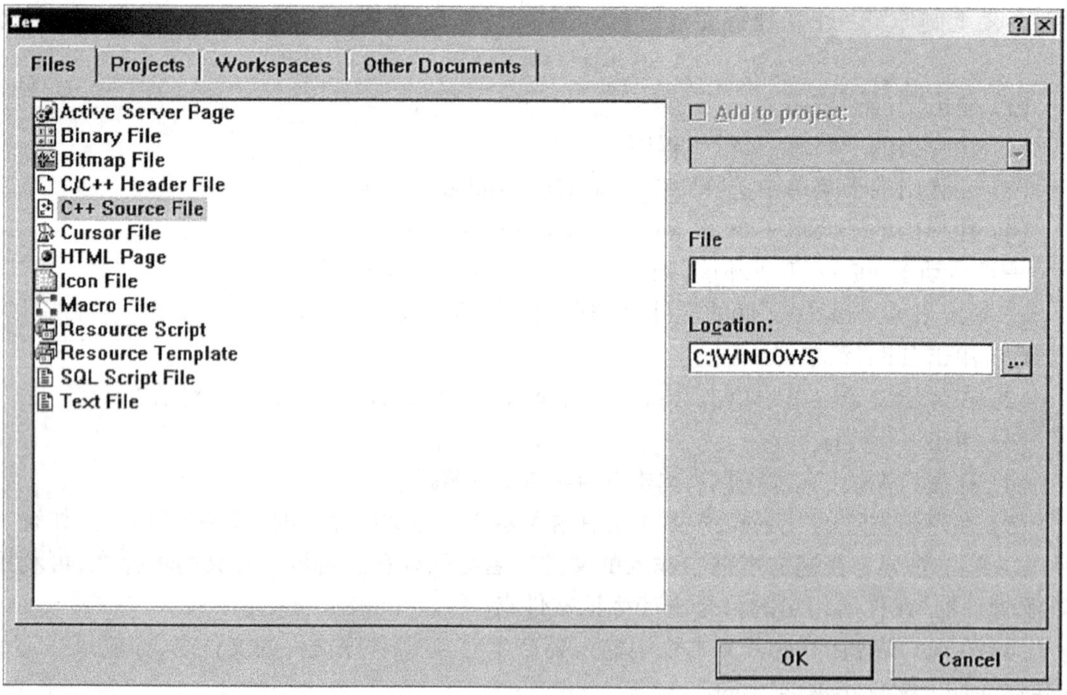

图 1-2 “New”对话框

3. 输入一个简单的 C ++ 源程序。

在标题为“D:\C ++ \a.cpp” 的子窗口中输入以下源程序。

```
#include <iostream.h>

void main(void)
{
    float r,area;
    cout << "输入圆的半径";
    cin >> r;
    area = 3.1415926 * r * r;
    cout << "圆的面积为:" << are << '\n;          //A
}
```

注意：除了在字符串中输入汉字时要采用汉字输入方式外，其余的符号都必须在英文的输入方式下输入，即所有的英文单词、标点符号和双引号都在“En”的输入方式下输入。

输入 C++ 源程序后，产生如图 1-3 所示的窗口。

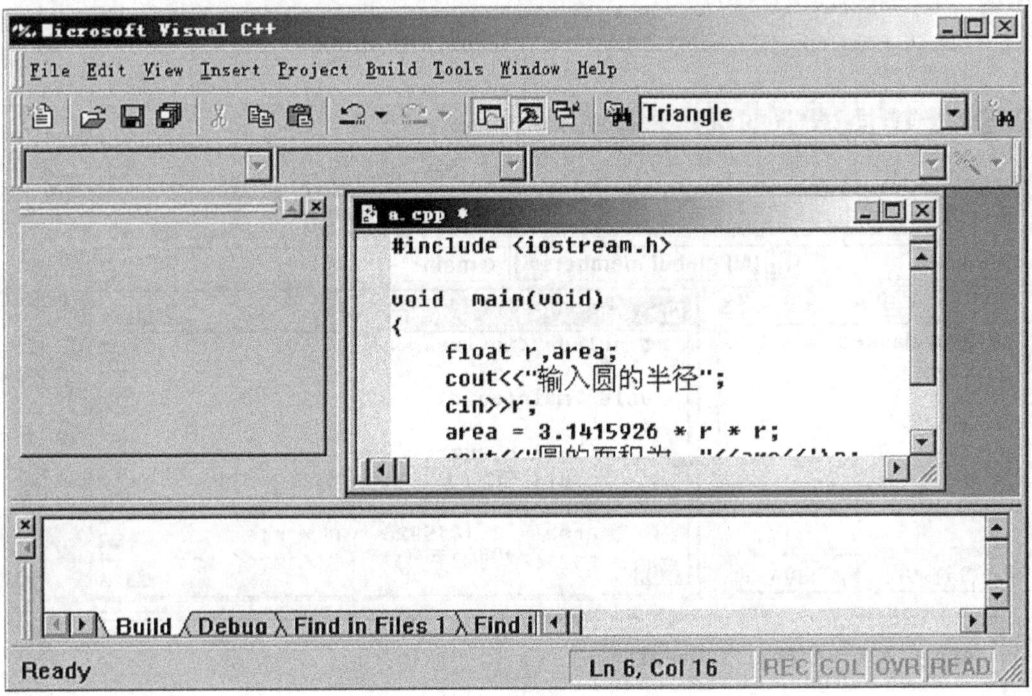

图 1-3 输入源程序后的窗口

4. 保存源程序文件并编译源程序文件。

(1) 单击“File”菜单。

(2) 在弹出的子菜单中单击“Save”菜单，或直接单击窗口工具条上的存储文件标签。

这样操作后，已将输入的 C++ 源程序存放到文件“a.cpp”中。每当对源程序进行修改后，都要重复以上的操作，以便将修改后的源程序及时存放到文件中。

(3) 编译源程序文件。

单击“Build”菜单，在弹出的子菜单中单击“Build”或“Rebuild All”项，弹出如图 1-4 所示的窗口。

图 1-4 提示产生缺省的项目空间窗口

图中提示信息的含义为：该“建立程序”命令需要一个活动的项目空间，是否需要产生一个缺省的项目空间。单击“是”按钮，经编译后，窗口的内容如图 1-5 所示。显示信息“a. exe - 4 error(s), 1 warning(s)”的窗口为错误信息提示子窗口。它指出程序中存在四个错误和一个警告信息。用鼠标移动窗口中的滚动条，使窗口中显示出第一条错误信息，如图 1-6所示。第一条错误信息是：

D:\C ++\a. cpp(9): error C2065: 'are' : undeclared identifier

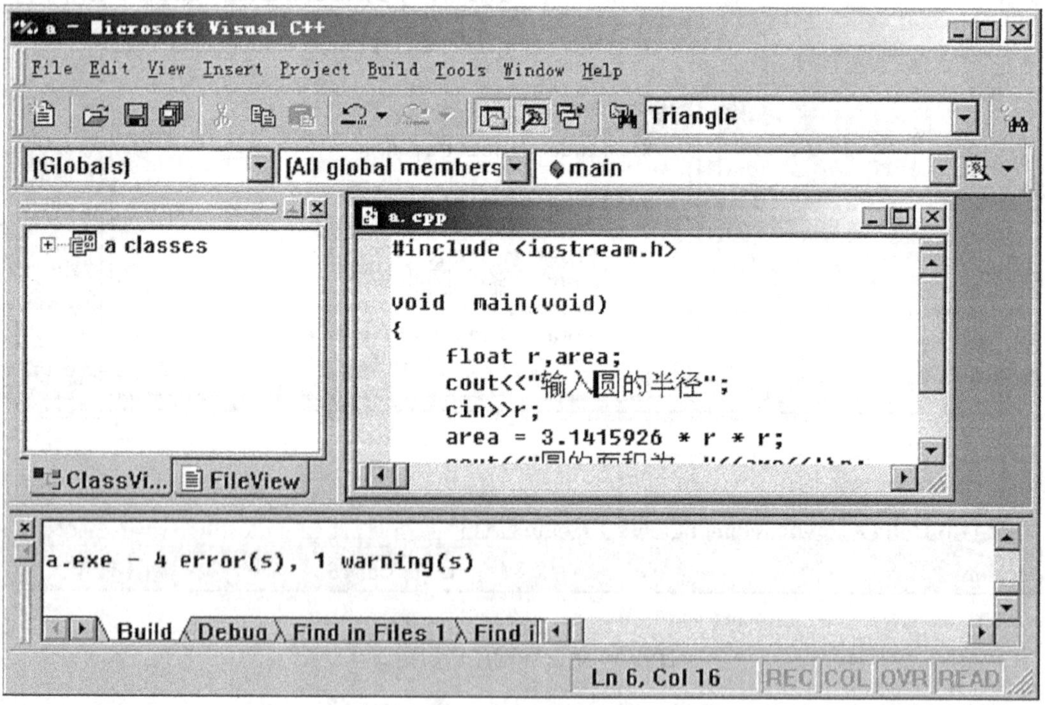

图 1-5 提示编译错误

这条错误信息的含义是：在源程序文件“D:\C ++\a. cpp”的第 9 行中的“are”标识符没有说明。错误信息由四个部分组成：第一部分给出错误所在的源程序名，第二部分为错误所在的行号(行号用圆括号括起来)，第三部分为错误号(上面错误信息中的错误号为 C2065)，第四部分给出错误说明。找到出错行的方法有两种：一种是根据错误信息中给出的“行号”，通过手工方式将光标移到出错行;另一种方法(最常用的方法)是双击该错误信息行,系统自动将光标移到出错行。

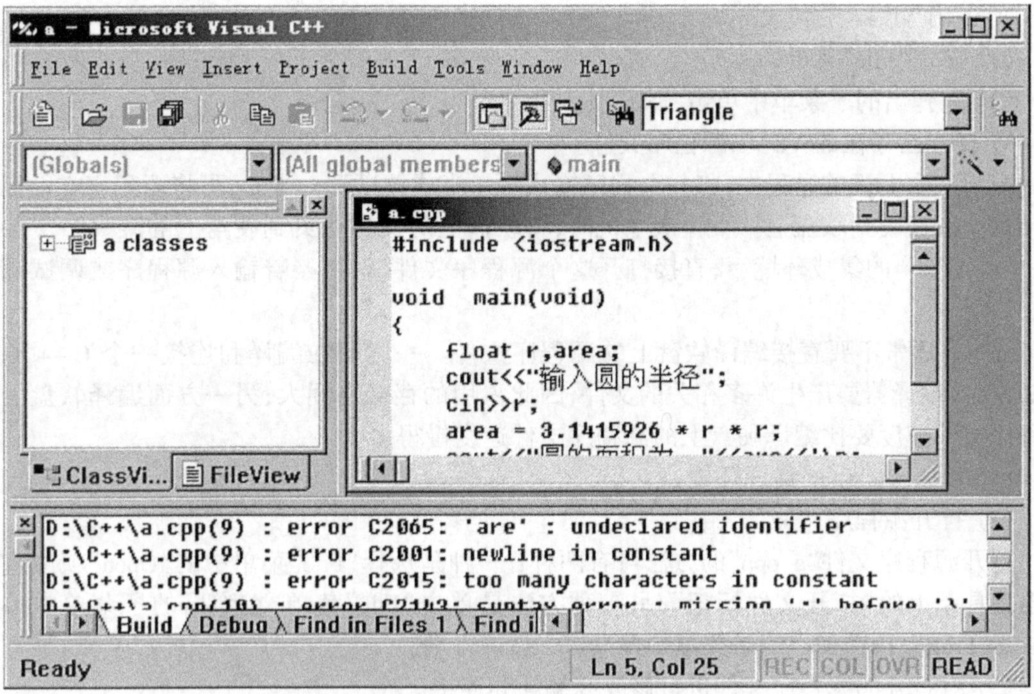

图 1-6　显示出第一个编译错误

双击该错误信息行,则光标自动移动到源程序文件中的第 9 行。将"are"改为"area", 重新编译和连接。单击"Build"菜单,在弹出的子菜单中单击"Build"或"Rebuild All"项。编译后,在错误信息提示子窗口中给出的第一条错误信息是:

D:\C ++\a.cpp(9):error C2001:newline in constant

指明第 9 行中的"换行(newline)"符常数出错。将"′ \n"改为"′\n′",重新编译和连接文件,则产生了可执行文件"a.exe"。

5. 执行已编译和连接后的可执行文件。

(1) 单击"Build"菜单。

(2) 在弹出的子菜单中单击"! Execute a.exe Ctrl + F5"。

也可以先按下"Ctrl"键不放,再按下功能键"F5"来直接执行已编译和连接后的可执行文件。在弹出的窗口中显示:

输入圆的半径

输入半径 5,并按下"Enter"键后,显示:

圆的面积为: 78.5398

Press any key to continue

即计算出半径为 5 的圆面积为 78.5398。当确认计算结果后,按下任一键回到 VC ++ 的集成环境。

6. 熟悉 VC ++ 集成环境的菜单。

在 VC ++ 的集成环境下，熟悉"File"、"Edit"、"View"、"Build"和"Window"菜单的功能和基本用法。因这些菜单的用法与 Word 中的用法基本类似，可上机依次实验一下。

7. 退出 VC ++ 的集成环境。

(1) 单击"File"菜单。

(2) 在弹出的子菜单中单击"Exit"项。

8. 打开已存在的 VC ++ 源程序文件。

当某一次上机的过程中，将一个程序输入到一半或调试到一半时，可将源程序文件保存在硬盘上或拷贝到软盘上。下一次上机时，将软盘上的文件拷贝到硬盘上的某一个文件夹中，进入 VC ++ 的集成环境后，直接打开这个源程序文件，就可接着输入源程序或调试源程序。

注意：通常不要直接编译软盘上的源程序文件。一方面在编译和连接一个 C ++ 源程序文件时，编译器要产生许多相关的文件，因此占用的存储空间大；另一方面编译软盘上的源程序文件速度要比编译硬盘上的源程序文件速度慢得多。

(1) 进入 VC ++ 的集成环境。

(2) 打开源程序文件"a.cpp"。

打开源程序文件"a.cpp"的方法可有两种：一种是选择"File"菜单中的"Open"项或直接单击工具条上的"打开文件标记"；另一种方法是单击"File"菜单，在弹出的子菜单中单击"Recent Files"，再在弹出的子菜单中单击"D:\C ++\a.cpp"。

(3) 对打开的源程序文件进行修改或编译和连接。

(4) 退出 VC ++ 的集成环境。

注意：VC ++ 的集成环境每一次只允许编译和调试一个应用程序，当一个程序调试完后，需要重新输入一个新的应用程序时，必须先关闭当前的应用程序，然后再产生一个新的应用程序。关闭当前的应用程序的方法是：单击"File"菜单，在弹出的子菜单中单击"Close-Workspace"项。

实验2　通过项目文件来编译和连接程序

一、目的和要求

我们通常都是使用项目文件来控制和管理 C++ 源程序文件的,为每一个应用程序产生一个项目文件。可以将组成一个应用程序的多个源程序文件加入到项目文件中,也可以将多个有关的头文件加入到项目文件中。当以项目文件为单位进行编译和连接时,系统自动地将这个项目文件中的所有源程序文件和头文件一起进行编译和连接。为此,掌握使用项目文件的方法是最基本的,也是很重要的。实验 1 是利用系统提供的缺省项目文件来编译和连接源程序文件的,以后的上机实验,均要求使用自建的项目文件对源程序进行编译和连接。

1. 掌握产生项目文件的方法。
2. 掌握将一个源程序文件加入到项目文件中的方法。
3. 掌握通过打开项目文件来编译和连接程序的方法。
4. 掌握通过打开项目文件来打开源程序文件的方法。
5. 掌握联机帮助的使用方法。

二、内容和步骤

1. 产生一个新的项目文件。

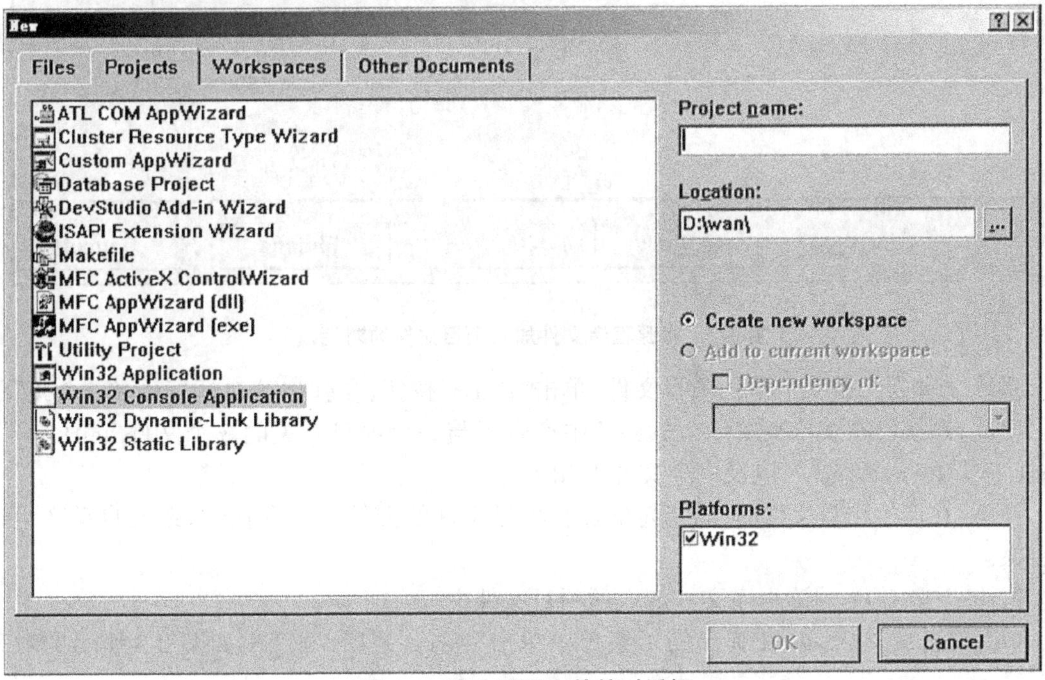

图 2-1　产生项目文件的对话框

(1) 进入 VC ++ 集成环境。

(2) 产生一个新的项目文件。

单击“File”菜单,在弹出的子菜单中单击“New...”项,单击“Projects”标签,则产生图 2-1 所示的对话框。

在对话框左边的选择项中,单击“Win32 Console Application”,指明要产生一个 Windows 32 位的控制台应用程序的项目文件。在对话框右边的“Location”文本框中输入存放要产生项目文件的文件夹(目录)名,如输入“D:\wan”。在对话框右边的“Project name”文本框中输入要产生项目文件的文件名,如输入“test1”。单击“OK”按钮,则产生如图 2-2 所示对话框。

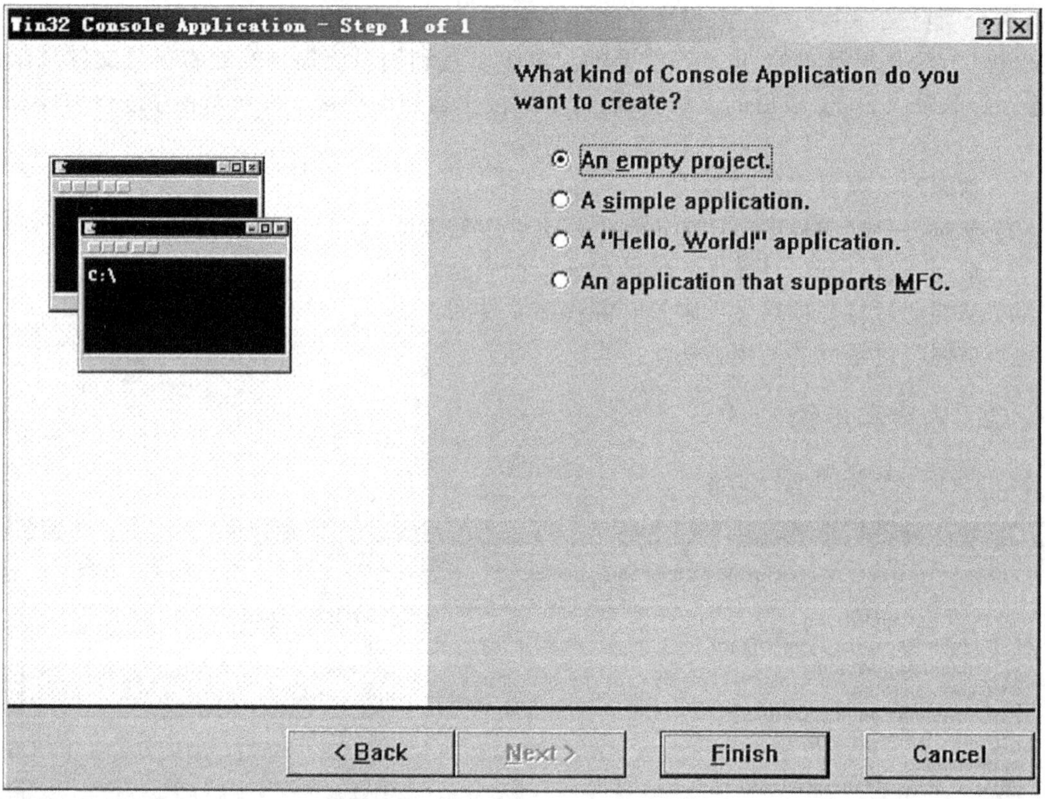

图 2-2 将源程序文件加入项目文件的对话框

系统缺省为产生一个空的项目文件,单击“Finish”按钮,在弹出的对话框中单击“OK”按钮。至此,系统已在文件夹“D:\wan\test1”中产生了与一个项目有关的 3 个文件“test1.dsp”、“test1.dsw”和“test1.ncb”,以及一个文件夹“debug”。

注意:在产生项目文件时,若指定的保存项目文件的文件夹不存在时,系统自动产生该文件夹。

2. 将一个 C ++ 的源程序文件加入到项目文件中。

(1) 单击“File”菜单,在弹出的子菜单中单击“New...”项,则产生如图 2-3 所示的对话框。

(2) 单击“Files”标签,单击对话框左边的选择项“C ++ Source File”。

(3) 在对话框右边的“File”文本框中输入“test2”，即指定要加入的源程序文件名为“test2.cpp”。系统自动加上文件扩展名“.cpp”。若对话框右上角(见图2-3)“Add to project”左边小方框中没有打“√”，单击该小方框使其打“√”，表明系统要将指定的源程序文件加入到当前的项目文件中。

(4) 单击“OK”按钮。这时已将一个文件名为“test2.cpp”的源程序文件加入到项目文件“test1”中。

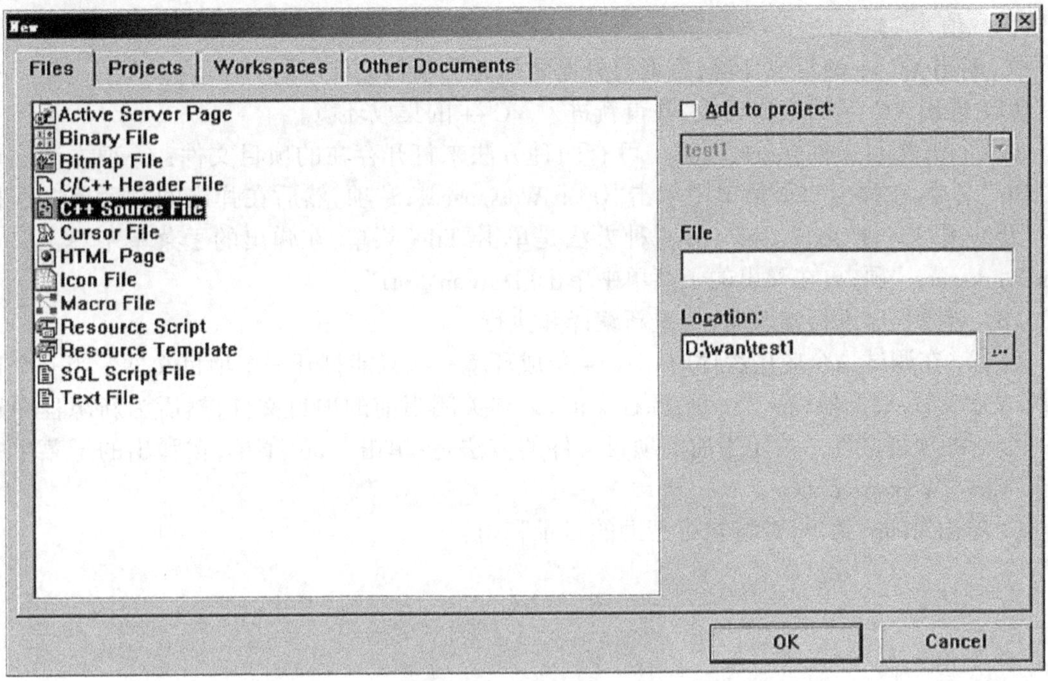

图 2-3　可选择控制台应用程序种类的对话框

3. 将源程序输入到文件“test2.cpp”中。

将以下求圆柱体体积的程序输入到文件“test2.cpp”中。

```
# include < iostream.h >

void main(void)
{
   float volume,h,r;
   cout << "输入圆柱体的半径和高:";
   cin >> h >> r;
   volume = 3.1415926 * r * r * h;
   cout << "圆柱体的半径 = " << r << '\n';
   cout << "圆柱体的高 = " << h << '\n';
   cout << "圆柱体的体积 = " << volume << '\n';
}
```

4. 保存源程序文件并编译和连接源程序文件。

(1) 单击"File"菜单,在弹出的子菜单中单击"Save"菜单,或直接单击窗口工具条上的存储文件标签,将输入的程序保存到文件"test2.cpp"中。

(2) 单击"Build"菜单,在弹出的子菜单中单击"Build test1.exe"或"Rebuild All"项。经编译和连接后,产生可执行文件"test1.exe"。

(3) 执行程序"test1.exe"。单击"Build"菜单,在弹出的子菜单中单击"! Execute test1.exe",系统启动并执行程序"test1.exe"。当输入圆柱体的半径和高(如 3 和 5)后,得到圆柱体的体积数值为 235.619。

5. 退出 VC ++ 的集成环境,重新打开刚才所建的项目文件。

(1) 退出 VC ++ 的集成环境,并重新进入 VC ++ 的集成环境。

(2) 打开项目文件"test1.dsw"。可有两种方法来打开存在的项目文件:一种方法是单击"File"菜单,在弹出的子菜单中单击"Open Workspace..."项,然后在弹出的对话框中选择要打开的项目文件"test1.dsw";另一种方法是单击"File"菜单,在弹出的子菜单中单击"Recent Workspaces"项,再在弹出的子菜单中单击"D:\wan\test1"。

(3) 对源程序进行修改后,可重新编译和执行。

注意:在调试一个应用程序时,VC ++ 集成环境一次只能打开一个项目文件。当一个程序调试完成后,要开始输入另一个源程序前,必须关闭当前的项目文件,然后为新源程序建立一个新的项目文件。关闭当前的项目文件的方法是:单击"File"菜单,在弹出的子菜单中单击"Close Workspace"项。

6. 单击"Help"菜单,查看联机帮助的目录和内容。

实验3　循环程序设计

一、目的和要求

循环程序设计方法是进行程序设计的基础之一，能灵活应用for()、while()、do…while()语句。

1．掌握循环程序设计的方法。

2．掌握调试循环程序的方法。

二、内容和步骤

1．上机实验题一。

输入一个四位数（正整数），将各位数字分开，并按其反序输出。如输入3456，则输出6543。用循环语句实现。

（1）分析问题。程序可由三个基本部分顺序组成，第一部分是将一个四位整数读入到变量x中，第二部分将组成x的个位数、十位数、百位数、千位数分别分解出来，第三部分是将分解出来的各位数字按其反序输出。第一和第三部分都很简单，均由一个语句就可实现。第二部分可先求出x的个位数，即x%10的结果为个位数，而x=x/10得到一个新的三位数。这新的三位数的个位数，即x%10的结果为原四位数的十位数，而x=x/10得到一个新的二位数。重复这一过程，可分别求出原四位数的百位数和千位数。这种重复的过程可用一个循环结构来实现：

```
int num1,num2,num3,num4;
for(int j = 1; j <= 4; j ++) {
    switch(j) {
    case 1:
        num1 = x%10; x = x/10;
        break;
    case 2:
        num2 = x%10; x = x/10;
        break;
    case 3:
        num3 = x%10; x = x/10;
        break;
    case 4:
        num4 = x%10; x = x/10;
    }
}
```

在循环语句的执行过程中，当 j 的值为 1 时，求出个位数；j 的值为 2 时，求出十位数；j 的值为 3 时，求出百位数；j 的值为 4 时，求出千位数。完整的参考程序为：

```
# include < iostream.h >

void main(void)
{
    int x, num1,num2,num3,num4;
    cout << "输入一个四位数:";
    cin >> x;
    cout << "x = " << x << '\n';
    for(int j = 1; j <= 4; j ++) {
        switch(j) {
        case 1:
            num1 = x%10; x = x/10;
            break;
        case 2:
            num2 = x%10; x = x/10;
            break;
        case 3:
            num3 = x%10; x = x/10;
            break;
        case 4:
            num4 = x%10;
            x = x/10;
        }
    }
    cout << "反序的各位数分别是:" << num1 <<
        num2 << num3 << num4 << '\n';
}
```

在循环体中不论 j 为何值时，都要做 x = x/10，所以可将这个语句放到开关语句之后。改进后的程序为：

```
# include < iostream.h >

void main(void)
{
    int x, num1,num2,num3,num4;
    cout << "输入一个四位数:";
    cin >> x;
    cout << "x = " << x << '\n';
```

```
    for(int j = 1; j <= 4; j ++) {
        switch(j) {
        case 1:
            num1 = x%10; break;
        case 2:
            num2 = x%10; break;
        case 3:
            num3 = x%10; break;
        case 4:
            num4 = x%10;
        }
        x = x/10;
    }
    cout << "反序的各位数分别是:" << num1 <<
        num2 << num3 << num4 << '\n';
}
```

由于输出各位数的顺序与求出各位数的顺序相同,因此在循环体中没有必要保存所求出的各位数,而只要求出一位输出一位。这样一来可以把开关语句省去。改进后的程序为:

```
# include < iostream.h >

void main(void)
{
    int x, num;
    cout << "输入一个四位数:";
    cin >> x;
    cout << "x = " << x << '\n';
    cout << "反序的各位数分别是:";
    for(int j = 1; j <= 4; j ++) {
        num = x%10;
        cout << num;
        x/ = 10;
    }
    cout << '\n';
}
```

(2) 建立一个子文件夹。

(3) 在这个子文件夹中建立一个项目文件“REPEAT”。

(4) 自己设计一个实现以上功能的源程序[用 while()语句实现]。

(5) 将一个源程序文件“rep1.cpp”加入到项目文件“REPEAT” 中。

(6) 将自己设计的程序输入到文件“rep1.cpp”中。

(7) 分别用输入数据 1234、7896 来调试程序。

(8) 写出实验报告。

实验报告的格式为：第一部分为上机的实验题目，第二部分为上机题分析和程序设计思想，第三部分为程序清单，第四部分为程序执行的输出结果，第五部分概述上机调试程序的过程中遇到的问题及如何解决问题的。

2. 上机实验题二。

求 π/2 的近似值的公式为：

$$\frac{\pi}{2}=\frac{2}{1}\times\frac{2}{3}\times\frac{4}{3}\times\frac{4}{5}\times\cdots\frac{2n}{2n-1}\times\frac{2n}{2n+1}$$

其中 n = 1,2,3……求出当 n = 1000 时，π 的近似值。

(1) 分析问题。这个上机题没有输入数据，只要先求出 π/2 的值，然后输出 π/2 的值。用变量 pi 来表示 π/2 的值。当 n = 1 时，pi = (n * 2)/(2 * n - 1) * (n * 2)/(2 * n + 1)，即 pi = 2/1 * 2/3。当 n = 2 时，pi = pi * (n * 2)/(2 * n - 1) * (n * 2)/(2 * n + 1)，即 pi = 2/1 * 2/3 * 4/3 * 4/5。每一次循环时，n 的值加 1，计算：

pi = pi * (n * 2)/(2 * n - 1) * (n * 2)/(2 * n + 1)

根据以上分析，可设计出供参考的程序为：

```
#include <iostream.h>

void main(void)
{
    float pi = 1.0;
    for(int n = 1; n <= 1000; n ++)
        pi *= (n * 2)/(2 * n - 1) * (n * 2)/(2 * n + 1);          //A
    cout << "pi/2 = " << pi << '\n';
}
```

当运行以上程序时，求出的结果为：

pi/2 = 0

程序看起来是正确的，为什么计算的结果是错误的呢？这是因为当运算符“/”两边的操作数都为整数时，只作整数除法。当 n = 1 时，A 行的计算为：

pi *= 2/1 * 2/3

因 2/3 的值为 0，所以求出的 pi 值为 0。解决的方法有两种：一种方法是将变量 n 的类型改为实数；另一种方法是将整数 2 改为实数 2.0。改进后的程序为：

```
#include <iostream.h>

void main(void)
{
    float pi = 1.0;                                                //B
    for(int n = 1; n <= 1000; n ++ )
        pi *= (n * 2.0)/(2 * n - 1) * (n * 2)/(2 * n + 1);
```

```
        cout << "pi/2 = " << pi << '\n';
    }
```

通常用一个变量做连乘时,初值应置为 1,如本程序中将 pi 的初值置为 1。用一个变量做累加时,初值通常置为 0。

(2) 在自建的子文件夹中建立一个项目文件“PI”。

(3) 自己设计一个实现以上功能的源程序。

(4) 将一个源程序文件“PI.cpp”加入到项目文件“PI”中。

(5) 将自己设计的程序输入到文件“PI.cpp”中。

(6) 分别用 n = 1000 和 n = 2000 求出 $\pi/2$ 的近似值,并比较计算结果。

(7) 写出实验报告。

实验 4　函数的应用

一、目的和要求

函数是构成 C++ 程序的基础，通过上机实验体会并验证函数定义、函数调用和函数形参与实参之间的传递方式及它们之间的相互关系。

1. 掌握自定义函数的方法。
2. 函数形参与实参之间的关系。
3. 掌握使用函数进行程序设计的方法。
4. 掌握递归函数的设计思想。

二、内容和步骤

1. 上机实验题一。

输入一个整数，求出该整数的所有因子，除 1 以外，求出的因子均为质数(素数)。如 5 = 1 * 5，又如 72 = 1 * 2 * 2 * 2 * 3 * 3。要求用函数实现求一个整数的所有因子。

(1) 分析问题。在主函数中输入一个整数，调用求该整数因子的函数，并把输入的整数作为该函数的参数。1 是任一整数的因子，所以进入函数后直接输出因子 1。以后每求出一个因子，输出一个因子。求一个整数的一个因子的方法可采用穷举法。设整数为 n，则依次判断 2、3、4……n - 1 中的某一个数是否为 n 的因子，若是则输出该因子，并把 n 除以该因子的商作为新的 n 值。再求该整数 n 的一个因子，重复这一过程，直到 2、3、4……n - 1 均不是 n 的因子，这时 n 已为质数，不能再进一步地分解，结束求因子的过程。求出 n 的一个因子的程序片段为：

```
for(int j = 2;j < n;j ++)
    if(n%j == 0) break;
if(j < n) {
    cout << j << "*";
    n/ = j;                                    //A
}
```

当 for()循环结束后，若 j < n，则 j 是 n 的一个因子，输出该因子；否则 n 为质数。当 n 不是质数时，要继续求 A 行中的 n 的一个因子，即要重复以上过程。因此，在该程序片段的外面要增加一个循环，这个循环由 n 是否为质数来控制。若 n 不是质数，继续循环；若 n 是质数，结束这一循环。这可以通过一个变量 flag 来实现，当 flag 的值为 1 时，表示 n 不是质数；而当 flag 的值为 0 时，表示 n 是质数。增加这部分功能后的程序片段为：

```
int flag = 1;
while(flag){
    for(int j = 2;j < n;j ++)
```

```
        if(n%j==0) break;
    if(j<n) {
        cout<<j<<"*";
        n/=j;
    }
    else flag=0;
}
```

我们首先假定 n 不是质数,为此将 flag 的初值置为 1。完整的参考程序为:

```
#include<iostream.h>

void fact(int n)
{
    int flag=1;
    cout<<n<<"=1*";
    while(flag){
        for(int j=2;j<n;j++)                    //A
            if(n%j==0) break;
        if(j<n) {
            cout<<j<<"*";
            n/=j;
        }
        else flag=0;
    }
    cout<<n<<'\n';
}

void main(void)
{
    int x;
    cout<<"输入一个正整数:";
    cin>>x;
    cout<<"该整数的因子为:\n";
    fact(x);
}
```

注意:A 行中的 j<n 可改为 j<n/2 或 j<sqrt(n),这样可减少循环次数,提高程序的质量。

(2) 在自建的子文件夹中建立一个项目文件“factor”。

(3) 自己设计一个实现以上功能的源程序。

(4) 将一个源程序文件“fac1.cpp”加入到项目文件“factor”中。

(5) 将自己设计的程序输入到文件“fac1.cpp”中。

(6) 分别输入 x = 37 和 x = 1023,验证程序是否正确。正确的输出为:

37 = 1 * 37

1023 = 1 * 3 * 11 * 31

(7) 写出实验报告。

2. 上机实验题二。

输入一个整数,实现逐位正序和反序输出。如输入一个整数 3456,则输出 3456 和 6543。分别设计两个递归函数,一个实现正序输出,另一个实现反序输出。

(1) 分析问题。设计 3 个函数:一个主函数和两个递归函数。一个递归函数实现正序输出,另一个递归函数实现反序输出。主函数实现输入一个整数,并分别调用两个递归函数。先分析实现反序输出的递归函数:设要输出的整数为 n,并把 n 作为该函数的参数。先求出 n 除以 10 的余数,并输出该余数,即个位数;做 n = n/10,若新的 n 值不为 0,则将新的 n 作为递归函数的参数,再一次调用递归函数。第二次调用该函数时,先输出新 n 值的个位数,即原 n 值的十位数。依次重复,直到新的 n 值为 0 时为止。如 3456%10 的余数为 6,输出 6,3456/10 的商为 345。递归调用该函数,又求出 345%10 的余数为 5,输出 5,345/10 的商为 34。递归调用该函数,又求出 34%10 的余数为 4,输出 4,34/10 的商为 3。再一次递归调用该函数,3%10 的余数为 3,输出 3,3/10 商为 0。至此结束递归调用。实现这一功能的函数为:

```
void f1(int n)
{
    cout << n%10;
    if(n/10) f1(n/10);
}
```

这个递归函数是先输出余数后递归,实现反序输出。类似地,若先递归后输出余数,则为正序输出。因此,实现正序输出的函数为:

```
void f2(int n)
{
    int j = n%10;
    if(n/10) f1(n/10);
    cout << j;
}
```

完整的参考程序为:

```
# include < iostream.h >

void f1(int n)
{
    cout << n%10;
    if(n/10) f1(n/10);
}
```

```
void f2(int n)
{
    int j = n%10;
    if(n/10) f2(n/10);
    cout << j;
}

void main(void)
{
    int x;
    cout << "输入一个正整数:";
    cin >> x;
    cout << "输入的整数为:" << x << "\n";
    cout << "该整数的反序输出为:";
    f1(x);
    cout << '\n';
    cout << "该整数的正序输出为:";
    f2(x);
    cout << '\n';
}
```

函数 f2()实现正序输出,其递归调用过程如图 4-1 所示。图中设输入的数为 234,并把 234 作为函数 f2()的实参。如图中的箭头所示,递归调用执行的序列为:

f2(234)——f2(23)——f2(2)——输出 2——返回前面的函数,输出 3——返回再前面的函数,输出 4

所以,输出的结果为 234。

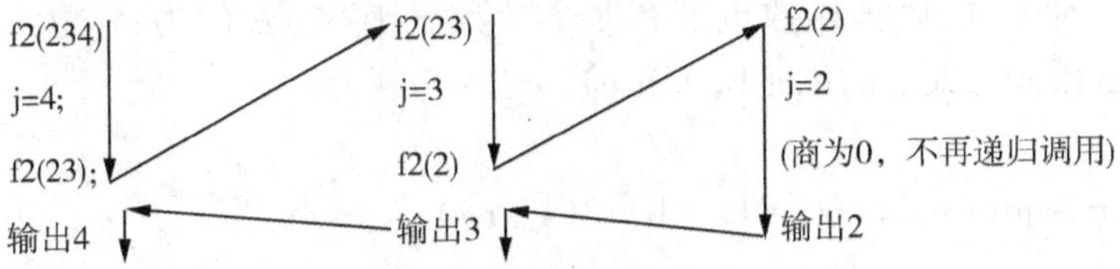

图 4-1　递归调用的过程

(2) 在自建的子文件夹中建立一个项目文件"RE"。

(3) 自己设计一个实现以上功能的源程序。

(4) 将一个源程序文件"RE1.cpp"加入到项目文件"RE"中。

(5) 将自己设计的程序输入到文件"RE1.cpp"中。

(6) 执行两次程序,第一次的输入值为 45678,第二次的输入值为 43100,验证程序的正确性。

(7) 写出实验报告。

实验 5　编译预处理和多文件组织的编译与连接

一、目的和要求

1. 掌握有参宏和无参宏的用法。
2. 通过上机实验,比较宏与函数的区别。
3. 掌握包含文件的用法。
4. 掌握利用项目文件实现多文件组织的编译与连接的方法。

二、内容和步骤

1. 上机实验题一。

已知三角形的三条边长 a、b、c,则三角形的面积为:

$$area = \sqrt{s(s-a)(s-b)(s-c)}$$

其中 $s=(a+b+c)/2$。编写一个程序,输入第一个三角形的三条边长 a1、b1、c1,输入第二个三角形的三条边长 a2、b2、c2,并把 a1 + a2、b1 + b2、c1 + c2 作为第三个三角形的三条边,分别用带参宏和函数求出三个三角形的面积。

(1) 分析问题。根据题目要求,须设计一个有参宏 AREA(),该宏能计算出三角形的面积。设计一个函数 area(),该函数也能计算出三角形的面积。设计一个主函数 main(),它完成输入三角形的三条边长,并判断这三条边长是否能构成三角形。若能构成三角形,则分别调用宏 AREA()和函数 area(),计算出三角形的面积,并输出计算结果。有参宏 AREA()带有四个参数 s、a、b、c,该宏为:

```
# define AREA(s,a,b,c)   sqrt(s * (s - a) * (s - b) * (s - c))
```

函数 area()可将三条边作为它的参数,也可将 s 与三条边作为它的参数,并返回三角形的面积。假定采用后一种方式,则该函数也带有四个参数。函数 area()为:

```
float area(float s,float a,float b,float c)
{
    return sqrt(s * (s - a) * (s - b) * (s - c));
}
```

因用到开平方根函数,应包含头文件 math.h。供参考的完整程序为:

```
# include < iostream.h >
# include < math.h >

# define AREA(s,a,b,c) sqrt(s * (s - a) * (s - b) * (s - c))

float area(float s,float a,float b,float c)
{
```

```
    return sqrt(s * (s - a) * (s - b) * (s - c));
}

void f(float x,float y,float z,int n)
{
    float s;
    if(x > 0&&y > 0&&z > 0&&x + y > z&&x + z > y&&y + z > x){
        s = (x + y + z)/2;
        cout << "第" << n << "个三角形的三条边长:(" << x << ',' << y << ','
            << z << ")\n";
        cout << "宏求出的第" << n << "个三角形面积为:" << AREA(s,x,y,z)
            << '\n';
        cout << "函数求出的第" << n << "个三角形面积为:" << area(s,x,y,z)
            << '\n';
    }
    else
        cout << "输入的三条边:(" << x << ',' << y << ',' << z << ")不构成三角形!
          \n";
}

void main(void)
{
    float a1,b1,c1,a2,b2,c2,s;
    cout << "输入第一个三角形的三条边长:";
    cin >> a1 >> b1 >> c1;
    cout << "输入第二个三角形的三条边长:";
    cin >> a2 >> b2 >> c2;
    f(a1,b1,c1,1);
    f(a2,b2,c2,2);
    if(a1 + a2 > 0 && b1 + b2 > 0 && c1 + c2 > 0 && a1 + a2 + b1 + b2 > c1 + c2
        && a1 + a2 + c1 + c2 > b1 + b2 && b1 + b2 + c1 + c2 > a1 + a2){
        s = (a1 + a2 + b1 + b2 + c1 + c2)/2;
        cout << "第三个三角形的三条边长:(" << a1 + a2 << ','
            << b1 + b2 << ',' << c1 + c2 << ")\n";
        cout << "宏求出的第三个三角形面积为:" <<
            AREA(s,a1 + a2,b1 + b2,c1 + c2) << '\n';
        cout << "函数求出的第三个三角形面积为:" << area(s,a1 + a2,b1 + b2,c1
            + c2) << '\n';
```

```
    }
    else
        cout << "不构成三角形! \n";
}
```

设输入的第一个三角形的三条边长分别为 3、4、5,输入的第二个三角形的三条边长分别为 4、4、4。执行以上程序时,分别用宏与函数求出的第一个三角形和第二个三角形的面积是相同的,但求出的第三个三角形的面积是不同的。请找出为什么用宏与函数求出第三个三角形面积不同结果的原因,并修改程序使得用两种方法求出的结果相同。

(2) 在自建的子文件夹中建立一个项目文件“MAFUN”。

(3) 自己设计一个实现以上功能的源程序。

(4) 将一个源程序文件“TR.cpp”加入到项目文件“MAFUN” 中。

(5) 将自己设计的程序输入到文件“TR.cpp”中。

(6) 输入 3、4、5 和 4、4、4,并比较计算结果。

(7) 写出实验报告。

2. 上机实验题二。

将上面的宏 AREA()存放在文件 macro.h 中,将两个自定义函数放在文件 fun.h 中,将主函数放在文件 mai.cpp 中,通过建立一个项目文件,实现这三个文件组织的编译和连接。

(1) 分析问题。根据题意,文件 macro.h 中的内容为:

```
# define AREA(s,a,b,c) sqrt(s * (s - (a)) * (s - (b)) * (s - (c)))
```

文件 fun.h 中的内容为:

```
float area(float s,float a,float b,float c)
{
    return sqrt(s * (s - a) * (s - b) * (s - c));
}


void f(float x,float y,float z,int n)
{
    float s;
    if(x > 0 && y > 0 && z > 0 && x + y > z && x + z > y && y + z > x){
        s = (x + y + z)/2;
        cout << "第" << n << "个三角形的三条边长:(" << x << ',' << y << ','
            << z << ")\n";
        cout << "宏求出的第" << n << "个三角形面积为:" << AREA(s,x,y,z)
            << '\n';
        cout << "函数求出的第" << n << "个三角形面积为:" << area(s,x,y,z)
            << '\n';
    }
    else
        cout << "输入的三条边:(" << x << ',' << y << ',' << z << ")不构成三角形!
```

```
                    \n";
}
```

文件 mai.cpp 中的内容为:

```
    # include < iostream.h >
    # include < math.h >
    # include "macro.h"
    # include "fun.h"

    void main(void)
    {
        float a1,b1,c1,a2,b2,c2,s;
        cout << "输入第一个三角形的三条边长:";
        cin >> a1 >> b1 >> c1;
        cout << "输入第二个三角形的三条边长:";
        cin >> a2 >> b2 >> c2;
        f(a1,b1,c1,1);
        f(a2,b2,c2,2);
        if(a1 + a2 > 0 && b1 + b2 > 0&&c1 + c2 > 0 && a1 + a2 + b1 + b2 > c1 + c2
            && a1 + a2 + c1 + c2 > b1 + b2 && b1 + b2 + c1 + c2 > a1 + a2){
            s = (a1 + a2 + b1 + b2 + c1 + c2)/2;
            cout << "第三个三角形的三条边长:(" << a1 + a2 << ','
                << b1 + b2 << ',' << c1 + c2 << ")\n";
            cout << "宏求出的第三个三角形面积为:" <<
                AREA(s,a1 + a2,b1 + b2,c1 + c2) << '\n';
            cout << "函数求出的第三个三角形面积为:" <<
                area(s,a1 + a2,b1 + b2,c1 + c2) << '\n';
        }
        else
            cout << "不构成三角形!\n";
    }
```

(2) 在自建的子文件夹中建立一个项目文件“MULTI”。

(3) 单击“File”菜单,在弹出的子菜单中单击“New...”项。

(4) 在弹出的对话框中单击“Files”标签,然后单击选择项“C/C ++ Header File”。在对话框右边的“File”文本框中输入头文件名“macro”,系统自动加上文件的扩展名“.h”。若对话框右上角单选项“Add to project”左边的小方框中没有打“√”,则单击该小方框,使其打“√”。单击“OK”按钮。这一步的作用是将头文件“macro.h”加入到项目文件“MULTI”中。

(5) 将头文件内容,即上面的宏定义输入到头文件“macro.h”中。

(6) 单击“File”菜单,在弹出的子菜单中单击“New...”项。在弹出的对话框中单击

“Files”标签,然后单击选择项“C/C ++ Header File ”。在对话框右边的“File”文本框中输入头文件名“fun”，系统自动加上文件的扩展名“.h”。若对话框右上角单选项“Add to project”左边的小方框中没有打“√”,则单击该小方框,使其打“√”。单击“OK”按钮。这一步的作用是将头文件“fun.h ”加入到项目文件“MULTI”中。

(7) 将以上自定义的两个函数内容输入到头文件“fun.h”中。

(8) 单击“File”菜单,在弹出的子菜单中单击“New...”项。在弹出的对话框中单击“Files”标签,然后单击选择项“C ++ Source File”。在对话框右边的“File”文本框中输入文件名“mai”，系统自动加上文件的扩展名“.cpp ”。单击“OK”按钮。这一步的作用是将程序文件“mai.cpp”加入到项目文件“MULTI”中。

(9) 将上面包含主函数的程序部分输入到源程序文件 mai.cpp 中。

(10) 编译和连接这个项目文件,产生一个可执行程序,然后执行程序。

在执行程序时,输入 3、4、5 和 4、4、4,并比较计算结果,最后写出实验报告。

3. 上机实验题三。

用另一种方法实现多个文件组织的编译和连接。实验的题目与上机实验题二相同。

(1) 在自建的子文件夹中建立一个项目文件“MULT2”。

(2) 将源程序文件“mai.cpp”加入到项目文件“MULT2” 中。

(3) 将上机实验题二中的两个头文件拷贝到文件夹“MULT2”中。

(4) 编译和连接这个项目文件,产生一个可执行程序,然后执行该程序。

(5) 在执行程序时,输入 3、4、5 和 4、4、4,并比较两次实现多个文件组织的编译和连接方法。

(6) 写出实验报告。

上机实验题二是将两个头文件以及源程序文件都加入到项目文件中。而上机实验题三只是将源程序文件加入到项目文件中,而没有把两个头文件加入到项目文件中,只是将这两个头文件保存在与源程序文件相同的文件夹中。从实现多个文件组织的编译和连接的效果来看是完全相同的。

我们提倡使用上机实验题二的方法来实现多个文件组织的编译和连接。这种方法更有利于各个文件内容的修改。例如,关闭当前的项目文件(单击“File”菜单,在弹出的子菜单中单击“Close Workspace”项),并打开项目文件“MULTI”(单击“File”菜单,在弹出的子菜单中单击“Recent Workspaces”项,在弹出的选择项中单击“MULTI”)。单击图 5-1 中左边子窗口下面的标签“FileView”,单击该子窗口中的文件夹“Header Files”,则显示出该文件夹中包含两个头文件,如图 5-2 所示。若要修改某一个头文件的内容,只要双击该头文件名,系统自动打开该头文件。

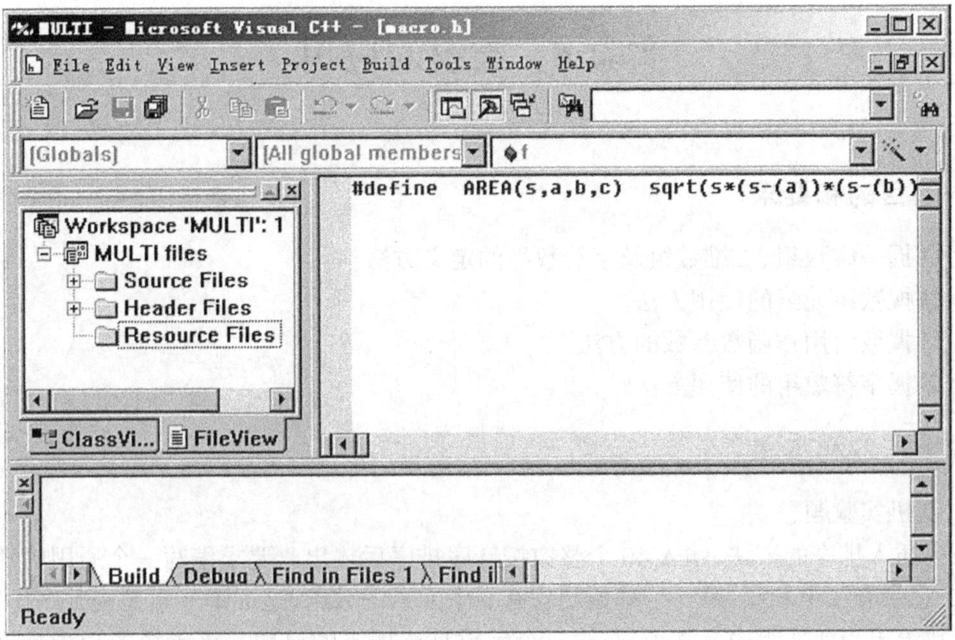

图 5-1　项目文件结构树

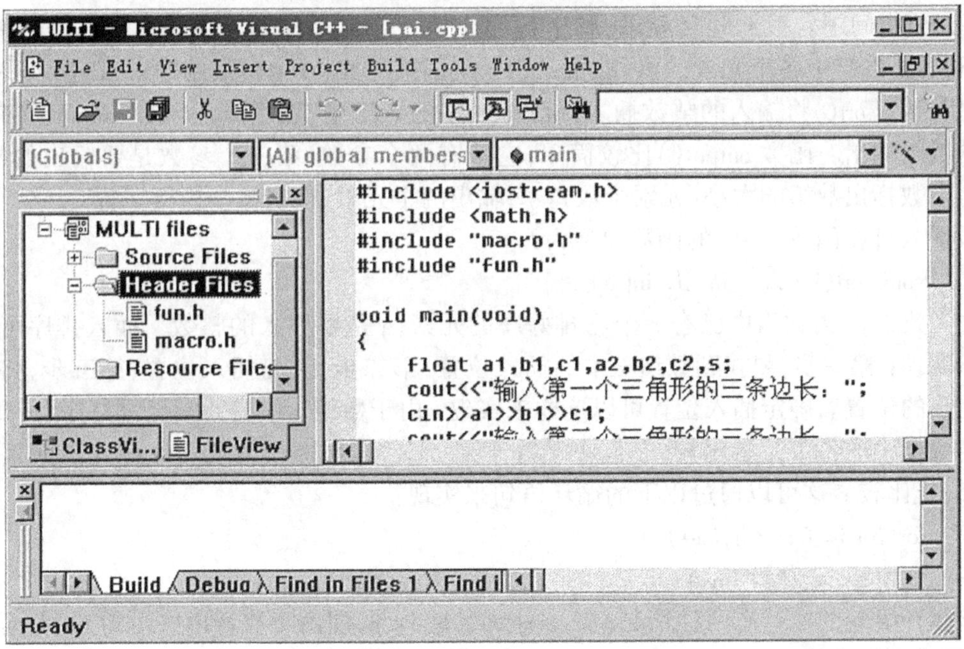

图 5-2　显示项目文件中包含的头文件

实验 6　数组的应用

一、目的和要求

1. 掌握一维数组、二维数组及字符数组的定义方法。
2. 掌握数组元素的使用方法。
3. 掌握数组用作函数参数的方法。
4. 掌握字符数组的使用方法。

二、内容和步骤

1. 上机实验题一。

采用插入排序的方法,输入 10 个整数按升序排序后输出。要求编写一个通用的插入排序函数,它带有 3 个参数,第一个参数是含有 n 个元素的数组,这 n 个元素已按升序排序;第二个参数给出当前数组中元素个数;第三个参数是要插入的整数。该函数的功能是将第三个参数插入到由第一个参数所给定的数组中,插入后仍保持数组中的元素按升序排序。另外,编写一个函数实现将数组中的所有元素输出,要求每一行输出两个元素。

(1) 分析问题。根据题目要求,整个程序应由 3 个函数组成:主函数、插入排序函数 sort()和输出数组中各个元素的函数 output()。主函数完成 10 个整数的输入,每输入一个整数,调用函数 sort()将输入的整数插入到已排好序的数组中,然后调用函数 output()将已排好序的数组输出。函数 output()比较简单,它带有两个参数,第一个参数是要输出的数组,第二个参数指出数组的大小(元素个数)。每输出两个元素,输出一个换行字符。

设插入排序函数 sort()的函数原型为:

```
void sort(int x[],int n, int a)
```

其中 x 为数组,n 为数组中已有 n 个已排好序的元素,a 是要插入的整数。插入排序可分为三步来实现:第一步,要找到数组 x 中的插入位置;第二步,空出插入位置;第三步,将 a 插入已空出的位置。确定插入位置可以这样来实现:由于数组 x 中的元素已排好序,只要将 a 依次与数组中的各个元素比较,一旦小于等于某一个元素,即表明要将 a 插入该元素的前面,并终止比较。这可以通过以下的循环语句来实现:

```
for(int i = 0;i < n;i ++)
   if(a <= x[i]) break;
```

结束该循环语句的执行有两种情况:第一种情况是 i < n,即由于执行内嵌语句 break 而终止循环;第二种情况是 i = n ,即由于循环条件不成立而结束循环语句的执行。第一种情况表明要将 a 插入到数组元素 x[i]之前;第二种情况表明 a 大于数组中的任一元素,应将 a 加入到数组的尾部。

第二步和第三步可以同时考虑,以上循环语句结束后,若 i = n,将 a 加入到数组的尾部,可通过以下语句来实现:

```
if(i == n)x[n] = a;
```

否则,要将 x[i]及其后面的元素均后移一个位置。如设数组 x 有以下四个元素:

35	100	150	157	

设要插入的数 a 为 90,即应插在第一个元素之前,移动时应先将 157 后移一个位置,再将 150 后移一个位置,最后将 100 后移一个位置,即从后面起,逐个地后移一个位置。移动后数组 x 中的各元素值为:

35	100	100	150	157

这可以通过以下的循环语句来实现:

```
for(int j = n; j > i;j -- )
    x[j] = x[j - 1];
```

然后将 90 赋给 x[1],插入后数组 x 中的各元素值为:

35	90	100	150	157

插入可通过以下语句来实现:

```
x[i] = a;
```

插入排序函数 sort()的完整的程序段为:

```
void sort(int x[],int n, int a)
{
    for(int i = 0; i < n; i ++)                    //A
      if(a <= x[i]) break;
    if(i == n)x[n] = a;                            //B
    else {
      for(int j = n; j > i;j --)
            x[j] = x[j - 1];
      x[i] = a;
    }
}
```

注意:当数组 x 中没有任何元素,要将第一个元素插入数组 x 时,该函数能否实现将 a 赋给 x[0]呢?该函数能实现这一功能,因在这种情况下,n 的值为 0,A 行语句只做 i = 0,而循环体一次也不执行。开始执行 B 行语句前,i 和 n 的值均为 0,即 B 行中的条件成立,执行 x[0] = a。

完整的参考程序如下:

```
#include <iostream.h>

void sort(int x[],int n, int a)
{
    for(int i = 0; i < n; i ++)
      if(a <= x[i]) break;
    if(i == n)x[n] = a;
```

```
    else {
        for(int j = n; j > i;j --)
                x[j] = x[j - 1];
        x[i] = a;
    }
}

void output(int x[] , int n)
{
    for(int i = 0;i < n;i ++){
        cout << x[i] << '\t';
        if((i + 1)%2 == 0) cout << '\n';
    }
}

void main(void)
{
    int y[10];
    int m;
    for(int i = 0;i < 10;i ++){
        cout << "输入第" << i + 1 << "个整数:";
        cin >> m;
        sort(y,i,m);
    }
    output(y,10);
}
```

(2) 在自建的子文件夹中建立一个项目文件“SORT”。

(3) 自己设计一个实现以上功能的源程序。

(4) 将一个源程序文件“sort.cpp”加入到项目文件“SORT” 中。

(5) 将自己设计的程序输入到文件“sort.cpp”中。

(6) 用以下三组输入数据来测试程序是否正确:

25	33	12	100	34	2	22	44	55	88
100	90	80	70	60	50	40	30	20	10
10	20	30	40	50	60	70	80	90	100

(7) 写出实验报告。

2. 上机实验题二。

用筛选法求出 2 ~ 200 之间的所有素数。

(1) 分析问题。所谓筛选法是指逐步将 2 ~ 200 之间的非素数筛除,最后没有被筛除的数均为素数。首先假定 2、3、4、5……198、199、200 都可能是素数,把它们存放在一个整型数

组 a 中,这可通过如下语句来实现:

```
int a[200];
for(int i = 0;i < 199;i ++) a[i] = i + 2;
```

取出 a[0](其值为 2),将 a[1]、a[2]、a[3]……a[197]、a[198]中所有能除尽 a[0]的元素(均不是素数)置为 0。取出 a[1](其值为 3),将 a[2]、a[3]、a[4]……a[197]、a[198]中所有能除尽 a[1]的元素(均不是素数)置为 0。依次类推,取出 a[i](若其值不为 0),则将 a[i + 1]、a[i + 2]、a[i + 3]……a[197]、a[198]中所有能除尽 a[i]的元素(均不是素数)置为 0。从穷举法的角度来说,i 的取值从 0 ~ 197,实际上 i 的取值只要从 0 ~ 15 即可(15 为接近 200 的平方根)。这可以通过以下的语句来实现:

```
for(i = 0;i < 15;i ++){
    if(a[i]!= 0)
        for(int j = i + 1;j < 199;j ++)
            if(a[j]&& a[j]%a[i] == 0)a[j] = 0;
}
```

在数组 a 中不为 0 的元素均为素数。输出数组 a 中的所有素数,可通过以下语句来实现:

```
for(i = 0;i < 199;i ++)
    if(a[i]) cout << a[i] << '\t';
```

完整的参考程序为:

```
#include < iostream.h >

void main(void)
{
    int a[200];
    for(int i = 0;i < 199;i ++)a[i] = i + 2;
    for(i = 0;i < 15;i ++){
        if(a[i]! = 0)
            for(int j = i + 1;j < 199;j ++)
                if(a[j]&& a[j]%a[i] == 0) a[j] = 0;
    }
    int count = 0;
    for(i = 0;i < 199;i ++)
        if(a[i]) {
            cout << a[i] << '\t';
            if(++ count%5 == 0) cout << '\n';           //A
        }
    cout << '\n';
    cout << "总的素数个数为:" << count << '\n';
}
```

A 行中 count 是一个记数器，它记录已输出的素数个数，并按每一行输出 5 个素数的格式输出。

（2）在自建的子文件夹中建立一个项目文件“PRIME”。

（3）自己设计一个实现以上功能的源程序。

（4）将一个源程序文件“prim.cpp”加入到项目文件“PRIME”中。

（5）将自己设计的程序输入到文件“prim.cpp”中。

（6）验证输出的素数个数是否为 46 个。

实验 7　结构体和枚举类型的应用

一、目的和要求

1. 掌握结构体变量和枚举类型变量的定义方法。
2. 掌握这两种类型变量的输入/输出方法。
3. 区分数组与结构变量用作函数参数时的差别。
4. 掌握结构体变量的分量的使用方法。

二、内容和步骤

1. 上机实验题一。

定义描述复数的结构体变量,并实现复数的输入和输出。设计 3 个函数分别完成复数的加法、减法、乘法运算。分别验证复数的运算是否正确。

(1) 分析问题。用一个结构体类型来定义复数,结构体类型可以定义为:

```
struct compl{
    float real;                    //实部
    float com;                     //虚部
};
```

因结构体变量不能直接输入/输出,并且结构体变量只能用作函数的输入参数,不能用作函数的输出参数,所以函数必须返回结构体变量的值。实现结构体变量输入的函数可以为:

```
compl input(void)
{
    compl c;
    cout << "输入复数的实部和虚部:";
    cin >> c.real >> c.com;
    return c;
}
```

实现结构体变量的输出函数比较简单,可自己设计。对于实现两个复数加法的函数,由于加法的结果不能用参数带回,只能用 return 语句返回两个复数的加法结果。该函数可定义为:

```
compl add(compl c1,compl c2)
{
    compl t;
    t.real = c1.real + c2.real;
    t.com = c1.com + c2.com;
```

```
    return t;
}
```

实现两个复数的减法和乘法的函数与实现加法的函数类同。主函数只要完成调用自定义的函数,实现复数的输入/输出,被调用函数实现复数的运算。实现两个复数的减法和乘法的函数,其功能比较简单,请同学们自己分析。

完整的参考程序为:

```
#include <iostream.h>
struct compl{
    float real;                    //实部
    float com;                     //虚部
};

compl add(compl c1,compl c2)
{
    compl t;
    t.real = c1.real + c2.real;
    t.com = c1.com + c2.com;
    return t;
}

compl sub(compl c1,compl c2)
{
    compl t;
    t.real = c1.real - c2.real;
    t.com = c1.com - c2.com;
    return t;
}

compl mul (compl c1,compl c2)
{
    compl t;
    t.real = c1.real * c2.real - c1.com * c2.com;
    t.com = c1.com * c2.real + c1.real * c2.com;
    return t;
}

compl input(void)
{
    compl c;
```

```
        cout << "输入复数的实部和虚部:";
        cin >> c.real >> c.com;
        return c;
    }

    void output(compl c)
    {
        cout << "复数的实部:" << c.real << "复数的虚部:" << c.com << '\n';
    }

    void main(void )
    {
        compl   c1,c2,c3,c4,c5;
        c1 = input();
        c2 = input();
        c3 = add(c1,c2);
        c4 = sub(c1,c2);
        c5 = mul(c1,c2);
        cout << "c1:";   output(c1);
        cout << "c2:";   output(c2);
        cout << "二复数之和:";   output(c3);
        cout << "二复数之差:";   output(c4);
        cout << "二复数之积:";   output(c5);
    }
```

(2) 在自建的子文件夹中建立一个项目文件"COMPLEX"。

(3) 自己设计一个实现以上功能的源程序。

(4) 将一个源程序文件"comp.cpp"加入到项目文件"COMPLEX" 中。

(5) 将自己设计的程序输入到文件"comp.cpp"中。

(6) 用以下的两组数据测试程序的正确性。

第一组数据为: c1 = (1,2)　c2 = (3,4)

第二组数据为: c1 = (5.5, 6.3)　c2 = (2.5,7.8)

(7) 写出实验报告。

2. 上机实验题二。

定义枚举类型 Week,用它来表示一周的英文名称(Sun,Mon,Tue,Wed,Thu,Fri,Sat)。输入一个整数 d(0~6),值 0 表示星期天,1~6 代表周一至周六。然后显示今天、昨天和明天分别是星期几的英文名称。

(1) 分析问题。首先定义枚举类型 Week:

```
enum Week{Sun,Mon,Tue,Wed,Thu,Fri,Sat};
```

将输入的一个整数变换成枚举量表示,可用一个开关语句来实现,其函数为:

```
Week ntod(int d)
{
    Week  w;
    switch(d){
      case 0:  w = Sun;  break;
      case 1:  w = Mon;  break;
      case 2:  w = Tue;  break;
      case 3:  w = Wed;  break;
      case 4:  w = Thu;  break;
      case 5:  w = Fri;  break;
      case 6:  w = Sat;
    }
    return w;
}
```

该函数将数字 d 转换为对应的枚举量,并把转换后的枚举量作为函数的返回值。因枚举量经过编译后是用一个对应的序号来表示的,Sun 对应值为 0,Mon 对应值为 1……Sat 对应值为 6。设输入值为 d,要知道 d 表示今天是星期几,只要调用函数 ntod(d)。要知道明天是星期几时,只要调用函数 ntod((d+1)%7)。显然当 $d<6$ 时,$d+1$ 等于 $(d+1)\%7$;而当 $d=6$ 时,即今天是星期六,$(d+1)\%7$ 的值为 0,即明天是星期天。同理,要知道昨天是星期几时,只要调用函数 ntod((d+6)%7)。当 $1\leqslant d\leqslant 6$ 时,$(d+6)\%7=d-1$;而当 $d=0$ 时,$(d+6)\%7=6$,即今天是星期天,昨天是星期六。

完整的参考程序如下:

```
#include <iostream.h>

enum Week{ Sun,Mon,Tue,Wed,Thu,Fri,Sat};

Week ntod(int d)
{
    Week  w;
    switch(d){
      case 0:  w = Sun;  break;
      case 1:  w = Mon;  break;
      case 2:  w = Tue;  break;
      case 3:  w = Wed;  break;
      case 4:  w = Thu;  break;
      case 5:  w = Fri;  break;
      case 6:  w = Sat;
    }
    return w;
```

```
}

void output(Week w)
{
    switch(w){
      case Sun: cout << "Sunday \n"; break;
      case Mon: cout << "Monday \n"; break;
      case Tue: cout << "Tuesday \n";break;
      case Wed: cout << "Wednesday \n";break;
      case Thu: cout << "Thursday \n";break;
      case Fri: cout << "Friday \n"; break;
      case Sat: cout << "Saturday \n";break;
    }
}

void main(void)
{
    int d = -1;
    while(d < 0||d > 6){
        cout << "输入今日是星期几(0~6):";
        cin >> d;
    }
    Week Today,Yesterday,Tomorrow;
    Today = ntod(d) ;
    Yesterday = ntod((d + 6)%7);
    Tomorrow = ntod((d + 1)%7);
    cout << "今天是";output(Today);
    cout << "昨天是";output(Yesterday);
    cout << "明天是";output(Tomorrow);
}
```

(2) 在自建的子文件夹中建立一个项目文件“DAY”。

(3) 自己设计一个实现以上功能的源程序。

(4) 将一个源程序文件“day.cpp”加入到项目文件“DAY” 中。

(5) 将自己设计的程序输入到文件“day.cpp”中。

(6) 分别用以下的数据测试程序的正确性:

4　6　0

(7) 写出实验报告。

实验 8　指针的应用之一

一、目的和要求

1. 掌握指针变量的定义方法。
2. 掌握指针变量作为函数参数的使用方法。
3. 区分指针变量和指针变量所指向的数据。
4. 掌握指针变量可执行的操作。

二、内容和步骤

1. 上机实验题一。

输入 10 个不等长的字符串,假定每一个字符串的长度不超过 200 个字符。对这 10 个字符串按从小到大的顺序排序后输出。要求在主函数中实现字符串的输入和输出,通过一个函数实现字符串的排序。在排序时,不能交换字符串,只能通过交换指向字符串的指针来实现排序。

(1) 分析问题。这个问题可分解为三部分,第一部分实现输入 10 个字符串,这可以通过一个函数来实现;第二部分实现字符串的排序,也用一个函数来实现;第三部分是将排序后的字符串输出,也用一个函数来实现。这样一来主函数就比较简单了,它的功能是调用三个函数。

实现输入字符串的函数只要通过一个循环语句就可实现,该函数可以是:

```
void input(char **p, int n)
{
    for(int j = 0;j < n; j ++){
        cout << "输入第" << j + 1 << "个字符串:";
        cin.getline(p[j],200);
    }
}
```

因输入的字符串中可包含空格字符,要用 cin.getline()来把读入的一行作为一个字符串。输出 10 个字符串的函数,可自行分析。

排序函数可以这样来实现,首先使一个指向字符串的指针数组(char *p[10])中的每一个元素分别指向这 10 个字符串。把 p[0]所指向的字符串分别与 p[1]、p[2]……p[9]所指向的字符串进行比较,在比较的过程中,使 p[0]指向最小的字符串(通过交换指针来实现)。把 p[1]所指向的字符串分别与 p[2]、p[3]……p[9]所指向的字符串进行比较,并使 p[1]指向次小的字符串,依次类推,直到 p[9]指向最大的字符串为止。实现这一过程的函数如下:

```
void sort(char **p,int n)
{
```

```
    for(int i = 0;i < n - 1; i ++)
        for(int j = i + 1;j < n; j ++)
            if(strcmp(p[i],p[j]) > 0){
                char * t;
                t = p[i];p[i] = p[j]; p[j] = t;
            }
}
```

其中,第一个参数指向指针数组,第二个参数为要排序的字符串个数。

完整的参考程序为:

```
# include < iostream.h >
# include < string.h >

# define   SIZE  10

void input(char ** p, int n)
{
    for(int j = 0;j < n; j ++){
        cout << "输入第" << j + 1 << "个字符串:";
        cin.getline(p[j],200);
    }
}

void output(char ** p, int n)
{
    for(int j = 0;j < n; j ++)cout << p[j] << '\n';
}

void sort(char ** p,int n)
{
    for(int i = 0;i < n - 1; i ++)
        for(int j = i + 1;j < n; j ++)
            if(strcmp(p[i],p[j]) > 0){
                char * t;
                t = p[i];p[i] = p[j]; p[j] = t;
            }
}

void main(void)
{
```

```
    char str[SIZE][200], * strp[SIZE];
    for(int i = 0;i < 10;i ++) strp[i] = str[i];
    input(strp,SIZE);
    cout << "输入的 10 个字符串分别是:\n";
    output(strp,SIZE);
    sort(strp,SIZE);
    cout << "排序后的 10 个字符串分别是:\n";
    output(strp,SIZE);

}
```

(2) 在自建的子文件夹中建立一个项目文件“STRSORT”。

(3) 自己设计一个实现以上功能的源程序。

(4) 将一个源程序文件“strp.cpp”加入到项目文件“STRSORT” 中。

(5) 将自己设计的程序输入到文件“strp.cpp”中。

(6) 输入 10 个不同的字符串,每一个字符串可以包含空格,对程序进行调试,直到程序正确为止。

(7) 写出实验报告。

2. 上机实验题二。

输入一个字符串,串内有数字和非数字字符,如:

abc2345 345rrf678 jfkld945

将其中连续的数字字符作为一个整数,依次存放到另一个整型数组 b 中。如对于上面的输入,将 2345 存放到 b[0],345 存放到 b[1]……统计出字符串中的整数个数,并输出这些整数。要求在主函数中完成字符串的输入和结果数据的输出。设计一个函数,把指向字符串的指针和指向整数的指针作为该函数的参数,并完成从字符串中依次提取出整数的工作。

(1) 分析问题。要设计从字符串中提取整数的函数,它包含两个参数,第一个参数是指向字符串的指针,第二个参数指向存放从字符串中提取出来的整型数组,并返回共提取出的整数个数。因此,函数的原型为:

```
int  getnum(char * p, int * pn)
```

从字符串中提取出一个整数的过程可分解为:首先移动指向字符串的指针,使该指针指向第一个数字字符,这可以通过以下的语句来实现:

```
while(!( * p >= '0'&& * p <= '9') && * p)p ++ ;
```

即 p 所指向的字符不是数字,并且字符串没有结束时,使指针 p 的值加 1,即使 p 指向下一个字符。重复这一过程直到 p 指向的字符为数字字符或已指向字符串结束字符为止。这一过程也可以通过如下的语句来实现:

```
while(( * p < '0' || * p > '9')&& * p)p ++ ;
```

若 p 已指向字符串的结束字符,则结束函数的工作;否则,p 已指向一个数字串。设指向的数字串为 456sd,即 * p 的值为'4'。因 * p - '0'得到数字 4,把字符串“456”转换成一个整数的过程为:

```
a = (( * p - '0') * 10 + * (p + 1) - '0') * 10 + * (p + 2) - '0'
```

其中,a为整型变量,上式简化后得到:

$$a=(4*10+5)*10+6$$

即求出a的值为456。这种转换实际上是重复一个乘法和一个加法,因此可用以下的循环语句来实现:

```
int a = 0;
while( * p >= '0'&& * p <= '9'){
    a = a * 10 + * p - '0';
    p ++ ;
}
```

当while()语句执行结束时,a中已得到数字串所对应的整数,p已指向非数字的字符。把a保存到存放整数的数组中。重复以上过程就可以从字符串中分解出所有的数字串。实现这一功能的函数为:

```
int getnum(char * p, int * pn)
{
    int count = 0;
    while( * p){
        while(!( * p >= '0'&& * p <= '9') && * p)p ++ ;
        if( * p){
            int a = 0;
            while( * p >= '0'&& * p <= '9'){
                a = a * 10 + * p - '0';
                p ++ ;
            }
            * pn ++ = a;          //A
            count ++ ;            //B
        }
    }
    return count;
}
```

其中,A行将已得到的一个整数存放到数组中,B行使得记录已求出整数个数的计数器加1。

完整的参考程序为:

```
# include < iostream.h >

int getnum(char * p, int * pn)
{
    int count = 0;
    while( * p){
        while(!( * p >= '0'&& * p <= '9')&& * p)p ++ ;
```

```
        if( * p){
            int a = 0;
            while( * p >= '0'&& * p <= '9') {
                a = a * 10 + * p - '0';
                p ++ ;
            }
            * pn ++ = a;
            count ++ ;
        }
    }
    return count;
}

void main(void)
{
    char str[200];
    int b[20],number;
    cout << "输入一个包含若干个数字串的字符串：  ";
    cin.getline(str,200);
    cout << "输入的字符串为:\n";
    cout << str << '\n';
    number = getnum(str,b);
    cout << "字符串包含的整数个数为:" << number << '\n';
    if(number) {
        cout << "字符串包含的整数分别为:\n";
        for(int i = 0;i < number;i ++)
            cout << b[i] << '\t';
        cout << '\n';
    }
}
```

(2) 在自建的子文件夹中建立一个项目文件“STRIP”。

(3) 自己设计一个实现以上功能的源程序。

(4) 将一个源程序文件“strints.cpp”加入到项目文件“STRIP” 中。

(5) 将自己设计的程序输入到文件“strints.cpp”中。

(6) 分别用以下的三字符串来测试程序的正确性：

abnc2454　4356jkfsl;7898　sdjf　8543

12334fksdl;　flsd598kfs　dsjkf

We are students!

(7) 写出实验报告。

实验 9　指针的应用之二

一、目的和要求

1. 掌握 new 和 delete 运算符的使用方法。
2. 掌握引用类型的变量作为函数参数的用法。
3. 基本掌握简单链表的应用技术。

二、内容和步骤

1. 上机实验题一。

设置 3 个指向实数的指针变量：float ＊p1, ＊p2, ＊p3；用 new 运算符分别为这 3 个指针变量分配存储空间。输入 3 个实数到所分配的存储空间中，并使 p1 指向最大数，p2 指向次大数，p3 指向最小数。要求用一个函数实现两个数的比较和交换，函数的参数为引用类型。

(1) 分析问题。实现两个数的比较和交换的函数比较简单，可以是：

```
void comswap(float &a, float &b)
{
    float t;
    if(a < b) {
        t = a; a = b;b = t;
    }
}
```

引用类型的变量可作为函数的输入参数，也可作为函数的输出参数。

设已用 new 运算符为 p1、p2 和 p3 分配了动态存储空间，并输入了 3 个实数，要使 p1 指向最大数，只要分两次调用函数 comswap()，即

```
comswap( * p1, * p2);
comswap( * p1, * p3);
```

注意：由于该函数的参数的类型为引用类型，实参不能是指针，必须是指针所指向的数据。

完整的参考程序如下：

```
# include < iostream.h >

void comswap(float &a, float &b)
{
    float t;
    if(a < b) {
        t = a; a = b;b = t;
```

```
    }
}
void main(void)
{
    float *p1, *p2, *p3;
    p1 = new float;
    p2 = new float ;
    p3 =  new float;
    cout << "输入 3 个实数:";
    cin >> *p1 >> *p2 >> *p3;
    comswap(*p1, *p2);
    comswap(*p1, *p3);
    comswap(*p2, *p3);
    cout << "从大到小排序后的输出为:\n";
    cout <<*p1 << '\t' <<*p2 << '\t' <<*p3 << '\n';
    delete p1; delete p2; delete p3;
}
```

(2) 在自建的子文件夹中建立一个项目文件“POINT”。

(3) 自己设计一个实现以上功能的源程序。

(4) 将一个源程序文件“poin.cpp”加入到项目文件“POINT” 中。

(5) 将自己设计的程序输入到文件“poin.cpp”中。

(6) 分别用以下的三组数据验证程序的正确性:

99	256	1000
567	555	333
123	3000	2500

(7) 写出实验报告。

2. 上机实验题二。

先建立一条无序链表,并输出这条链表上各个结点的值。设计一个函数,将这条链表构成一条新的逆序链表,即将链表头当链表尾,链表尾当链表头。输出这条新链表上各个结点的值。

(1) 分析问题。设链表上每一个结点的数据结构为:

```
struct Node{
    float CPP;                          //C++ 成绩
    float English;                      //英语成绩
    int num;                            //学号
    Node * next;                        //指向下一个结点的指针
};
```

建立一条无序链表的过程与教材上的例 8.31 完全类同,不作进一步的分析了。这里主要讨论实现逆序链表的函数。该函数的原型为:

Node * Reverse (Node * head);

参数 head 指向已产生的无序链表的第一个结点,函数的返回值为指向已实现逆序链表后的链首指针。设产生的新链表的首指针为 h。实现逆序链表的过程为:首先从 head 所指向的链表上取下第一个结点,使 h 指向这个结点,并使这个结点的 next 的值置为 0。然后,从 head 所指向的链表上取下第一个结点,并将该结点插入 h 所指向链表的链首。重复这一过程直到 head 所指向的链表为空为止。实现这一过程的函数为:

```
Node * Reverse (Node * head )
{
    Node * h = 0, * p;
    while(head){
        p = head;                        //取下链首结点
        head = head -> next;
        if(h == 0) {
            h = p; p -> next = 0;        //使 h 指向第一个结点
        }
        else {
            p -> next = h;               //将取下的结点插入链首
            h = p;
        }
    }
    return h;                            //返回新链表的头指针
}
```

完整的参考程序为:

```
#include <iostream.h>

struct Node{
    float CPP;
    float English;
    int num;
    Node * next;
};

Node * Reverse (Node * head)
{
    Node * h = 0, * p;
    while(head){
        p = head;
        head = head -> next;
        if(h == 0) {
```

```
            h = p; p -> next = 0;
        }
        else {
            p -> next = h;
            h = p;
        }
    }
    return h;
}

Node * Create(void)                              //产生一条无序链表
{
    Node * p1, * p2, * head = 0;
    int a;
    cout << "产生一条无序链表,请输入学号(以 0 结束):";
    cin  >>  a;
    while (a! = 0) {
        p1 = new Node;
        p1 -> num = a;
        cout << "输入 C++ 成绩和英语成绩:";
        cin >> p1 -> CPP >> p1 -> English;
        if (head = = 0) {                        //插入链表的首部
            head = p1;p2 = p1;
        }
        else {                                   //插入链表尾
          p2 -> next = p1;p2 = p1;
        }
        cout << "请输入学号(以 0 结束):";
        cin >> a;
    }
    p2 -> next = 0;
    return (head);
}

void Print(const Node * head)                    //输出链表上各结点的数据
{
    const Node * p;
    p = head;
    cout << "链表上各结点的数据为:\n";
```

```
    while (p! = 0) {
        cout << "学号:" << p -> num  << '\t' << "C++ 成绩:" <<
              p -> CPP << '\t' << "英语成绩:" << p -> English << '\n';
        p = p -> next;
    }
    cout << '\n';
}

void Deletechain(Node * h)                    //释放链表上各结点占用的内存空间
{
    Node * p1;
    while(h){
        p1 = h;
        h = h -> next;
        delete p1;
    }
}

void main(void)
{
    Node * h1, * h2;
    h1 = Create();                            //产生一条无序链表
    Print(h1);                                //输出该链表上的数据
    h2 = Reverse (h1);                        //构成逆序链表
    Print(h2);                                //输出逆序链表上的数据
    Deletechain(h2);                          //释放每一个结点占用的动态空间
}
```

(2) 在自建的子文件夹中建立一个项目文件“CHAIN”。

(3) 自己设计一个实现以上功能的源程序。

(4) 将一个源程序文件“rever.cpp”加入到项目文件“CHAIN” 中。

(5) 将自己设计的程序输入到文件“rever.cpp”中。

(6) 用以下的一组数据测试程序的正确性:

学号	C++ 成绩	英语成绩
234	100	90
456	90	80
457	75	60
505	95	40

(7) 写出实验报告。

实验 10 类与对象的概念

一、目的和要求

1. 掌握类的定义方法。
2. 能正确区分类中成员的三种访问权限。
3. 掌握对象的说明和使用方法。
4. 区分类与结构体的异同。
5. 掌握 this 指针的用法。

二、内容和步骤

1. 上机实验题一。

定义一个描述通讯录的类,数据成员包括姓名、单位、电话号码、邮编,成员函数有输出各个数据项、分别置各个数据项、分别获取各个数据项。

(1) 分析问题。由于姓名、单位和电话号码的数据长度是可变的,应使用动态数据结构。而邮编的长度固定,可定义一个字符数组来存放邮编。定义一个成员函数输出所有的成员数据,有 4 个成员函数分别设置姓名、单位、电话号码和邮编,4 个成员函数分别获取姓名、单位、电话号码和邮编。主函数完成测试成员函数正确性的工作。

完整的参考程序如下:

```
#include <iostream.h>
#include <string.h>

class COM{
    char * pname;                          //姓名
    char * punit;                          //单位
    char * pnum;                           //电话号码
    char box[9];                           //邮编
  public:
    void print(void)
    {
        cout << "姓名:" << pname << '\t';
        cout << "单位:" << punit << '\t';
        cout << "电话号码:" << pnum << '\t';
        cout << "邮编:" << box << '\n';
    }
```

```
void init(char * ,char * ,char * ,char * );
void freespace(void);

void setname(char * name)
{
    if(pname) delete [] pname;
    pname = new char[strlen(name) + 1];
    strcpy(pname,name);
}

void setunit(char * unit)
{
    if(punit) delete [] punit;
    punit = new char[strlen(unit) + 1];
    strcpy(punit,unit);
}

void setnum(char * num)
{
    if(pnum) delete [] pnum;
    pnum = new char[strlen(num) + 1];
    strcpy(pnum,num);
}

void setbox(char * telnum)
{
    strcpy(box,telnum);
}

char * getname(void)                    //取姓名
{return pname; }

char * getunit(void )                   //取单位
{ return punit; }

char * getnum(void)                     //取电话号码
{ return pnum;}

char * getbox(void)                     //取邮编
```

```
    { return box; }
};

void COM::init(char * name, char * unit, char * num, char * b)
{
    pname = new char [strlen(name) + 1];
    strcpy(pname, name);
    punit = new char [strlen(unit) + 1];
    strcpy(punit, unit);
    pnum = new char [strlen(num) + 1];
    strcpy(pnum, num);
    strcpy(box, b);
}

void COM::freespace(void)
{
    if(pname) delete [] pname;
    if(punit) delete [] punit;
    if(pnum)delete [] pnum;
}

void main(void)
{
    COM c1, c2;
    c1.init("张三","南京纺织厂","025-5595638","210024");
    c2.init("李四","南京无线电厂","025-5432455","210015");
    c1.print();
    c2.print();
    c1.setname("王国安");
    cout << c1.getname() << '\n';
    c1.setunit("南京大学");
    cout << c1.getunit() << '\n';
    c1.setnum("025-8755635");
    cout << c1.getnum() << '\n';
    c1.setbox("210090");
    cout << c1.getbox() << '\n';
    c1.print();
    c1.freespace();
    c2.freespace();
```

}

(2) 在自建的子文件夹中建立一个项目文件“COMU”。

(3) 自己设计一个实现以上功能的源程序。

(4) 将一个源程序文件“comm.cpp”加入到项目文件“COMU”中。

(5) 将自己设计的程序输入到文件“comm.cpp”中。

(6) 分别用以下数据测试程序的正确性。

对象的初始化数据为：

东文明　阳光木器厂　0211-2234567　223344

名字改为“驾驶员”，并输出；单位改为“东方明珠厂”，并输出；电话改为“0511-5566778”，并输出；邮编改为“550035”，并输出。

输出该对象的所有成员数据。

(7) 写出实验报告。

*2. 上机实验题二。

处理由若干个数据构成的栈表，动态产生栈表，并输出栈表中的数据。为简化栈表的处理，假定栈表中的数据均为实数。要求能实现两个栈表对象之间的拷贝。

(1) 分析问题。对于栈表，当把一个实数压入栈表时，总是把该实数放在栈表的顶部(最上面)。当从栈表中取一个实数时，总是取出栈表最上面(顶部)的数据。设栈表如图10-1所示。

当把567加入栈表后，栈表中的数据如图10-2所示。若栈表按图10-1和图10-2的结构来实现时，每当把一个数据加入到栈表时，首先要将栈表中的每一个数据依次下移一个位置，空出栈顶数据位置，然后将新数据放入到栈顶位置。每当从栈表中取出一个数据时，要将栈表中的其他数据依次上移一个位置。这种上移和下移数据是比较麻烦的。把数据加入栈表或从栈表中取出数据时，实现不移动栈表中数据的一种方法是将栈顶放在下面，而将栈底放在上面。另一种方法是通过改变栈顶指针来实现。下面采用第一种方法来实现栈表。

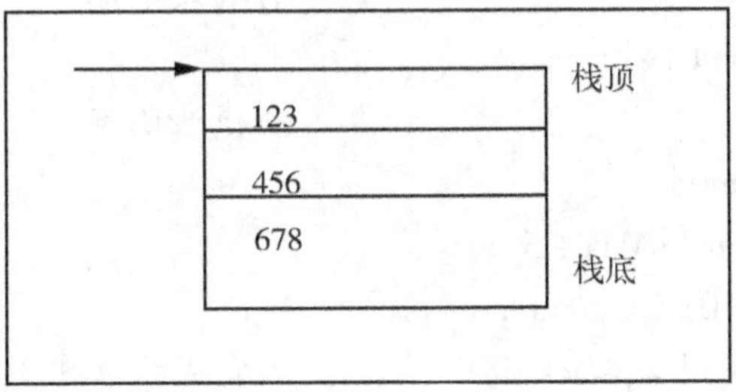

10-1　**包含三个数据的栈表**

描述栈表的数据成员要有三个：

```
class STACK{
    float *pstack;                    //指向栈表
    int nMax;                         //栈表的最大长度
    int point;                        //指向栈顶的指针
    …
};
```

在初始化时,缺省的栈表大小为 10。实现栈表初始化的成员函数可以是:

```
void init(int n = 10)
{
    pstack = new float [n];
    nMax = n;
    point = 0;
}
```

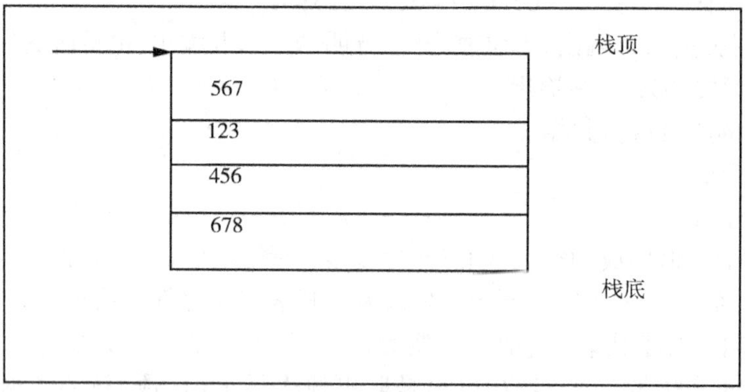

图 10-2　包含四个数据的栈表

把一个实数加入栈表中时,要分两种情况来讨论:第一种情况是栈表没有满,直接将数据加入到栈顶;第二种情况是栈表已满,这时先要重新申请一个空的栈表(设比原栈表大 5 个长度),将原栈表中的所有数据拷贝到新栈表中,释放原栈表的存储空间,然后将数据加入到新栈表的栈顶。这个成员函数可以是:

```
float STACK::addstack(float x)
{
    if(point < nMax)                    //栈表不满
        pstack[point ++] = x;
    else {                              //栈表已满
        float  * temp;
        temp = float [nMax + 5];
        for(int i = 0;  i < point ;  i ++)
            temp[i] = pstack[i];        //完成栈表中数据拷贝
        delete [] pstack;               //释放原栈表占用的空间
        pstack = temp;
        nMax += 5;
        pstack[point ++] = x;
    }
    return x;
}
```

从栈表中取出一个数据时,也要分为两种情况:一种情况是栈表不空,取出栈顶数据,并返回该数据;另一种情况是栈表已空,这时栈表中没有数据可取。假定加入栈表中的数据均不为 - 1 时,可返回 - 1,以指示出错。这个成员函数可以是:

```
float STACK::featch(void)
{
    if(point > 0) return pstack[ -- point];     //A
    else return  - 1;
}
```

为了取出栈顶数据,要完成两个操作:使 point 指向栈顶数据,然后取出栈项数据,即 point = point - 1;取出 pstack[point]。A 行实现了这两个操作。

设计实现栈表拷贝的成员函数时,也要分两种情况来处理。第一种情况是同一对象的栈表之间的拷贝,这时,不能作任何拷贝。第二种情况是在不同对象之间的栈表拷贝。设要将 A 栈表拷贝给 B 栈表。为了实现栈表的拷贝,必须先释放 B 栈表占用的存储空间,然后根据 A 栈表的大小为 B 栈表申请一个栈表空间。最后,将 A 栈表中的数据依次拷贝到 B 栈表中。完成这一功能的成员函数可以是:

```
void STACK::copystack(STACK &a)
{
    if(&a! = this) {
        if(nMax) delete [] pstack;           //删除当前的栈表空间
        pstack = new float [a.nMax];         //分配一个新的栈表空间
        nMax = a.nMax;
        point = a.point;
        for(int i = 0; i < a.point; i ++)
            pstack[i] = a.pstack[i];         //实现栈表的拷贝
    }
}
```

增加输出栈表的成员函数和释放栈表的成员函数后,可构成一个简单的栈表处理程序。完整的参考程序为:

```
# include < iostream.h >

class STACK{
    float * pstack;
    int nMax;
    int point;
  public:
    void init(int n = 10)
    {
        pstack = new float [n];
        nMax = n;
        point = 0;
```

```
    }
    float addstack(float);
    float featch(void);
    void copystack(STACK &);

    void print(void)
    {
        cout << "栈表中的数据个数为:" << point << '\n';
        cout << "当前栈表中的数据为(自栈顶向栈底的方向):\n";
        for(int i = point - 1 ; i >= 0; i --)
            cout << pstack[i] << '\t';
        cout << '\n';
    }

    void freespace(void)
    {
        if(nMax) delete [] pstack;
    }

};

float STACK::addstack(float x)
{
    if(point < nMax)                    //栈表不满
        pstack[point ++] = x;
    else {                              //栈表已满
        float * temp ;
        temp = new float [nMax + 5];
        for(int i = 0; i < point ; i ++)
            temp[i] = pstack[i];        //完成栈表中数据拷贝
        delete [] pstack;               //释放原栈表占用的空间
        pstack = temp;
        nMax += 5;
        pstack[point ++] = x;
    }
    return x;
}

float STACK::featch(void)
```

```
{
    if(point > 0) return pstack[-- point];
    else return  - 1;
}

void STACK:: copystack(STACK &a)
{
    if(&a! = this) {
        if(nMax) delete [ ] pstack;
        pstack = new float [a.nMax];
        nMax = a.nMax;
        point = a.point;
        for(int i = 0; i < a.point; i ++)
            pstack[i] = a.pstack[i];
    }
}

void main(void)
{
    STACK s1,s2;
    s1.init();
    s2.init(15);
    for(int i = 100;i <= 105; i ++) s1.addstack(i + 25.5);
    for(i = 200;i <= 205; i ++) s2.addstack(i + 50.5);
    s1.print();
    s2.print();
    s2.addstack(560.5);
    s2.print();
    s1.copystack(s2);
    s1.print();
    s2.print();
    s1.freespace();
    s2.freespace();
}
```

(2) 在自建的子文件夹中建立一个项目文件“STACK”。

(3) 自己设计一个实现以上功能的源程序。

(4) 将一个源程序文件“sta.cpp”加入到项目文件“STACK” 中。

(5) 将自己设计的程序输入到文件“sta.cpp”中。

(6) 增加测试两个栈表中的数据是否相同的成员函数。测试程序的要求如下：

将以下数据依次加入到第一个栈表中：

25.33　　6635.45　　678.5　　99.25　　567.55

将以下数据依次加入到第二个栈表中：

3.1415　　2.71828　　345.45　　678.9

输出这两个栈表中的数据后，将 1234.7 加入到第一个栈表中。通过调用成员函数测试两个栈表中的数据是否相同。调用成员函数实现将第一个栈表分别拷贝给第一个、第二个栈表。然后输出这两个栈表中的数据，并再次调用成员函数测试两个栈表中的数据是否相同。最后释放这两个栈表占用的存储空间。

(7) 写出实验报告。

实验 11　构造函数和析构函数的用法

一、目的和要求

1. 掌握定义构造函数、重载构造函数的方法。

2. 理解构造函数的作用。

3. 掌握定义析构函数的方法,理解析构函数的作用。

4. 掌握何时要显式定义完成拷贝功能的构造函数,何时可直接利用系统提供的完成拷贝功能的构造函数。

5. 理解缺省的构造函数只能有一个的理由,析构函数只能有一个和肯定有一个的理由。

二、内容和步骤

1. 上机实验题一。

将实验 10 的上机实验题一中的初始化成员函数 init()改为构造函数,将成员函数 freespace()改为析构函数。增加一个缺省的构造函数,使指针 pname、punit 和 pnum 的初值为 0,使 box 中不包含任何字符串。

(1) 分析问题。缺省的构造函数完成数据成员的初始化,根据上机实验题目的要求,该缺省的构造函数可以是:

```
COM::COM()
{
    pname = punit = pnum = 0;
    box[0] = 0;
}
```

构造函数 COM()要完成初始化成员函数 init()的功能,只要将该函数的函数名改为 COM,该构造函数可以是:

```
COM::COM(char * name,char * unit,char * num,char * b)
{
    pname = new char [strlen(name) + 1];
    strcpy(pname,name);
    punit = new char [strlen(unit) + 1];
    strcpy(punit,unit);
    pnum = new char [strlen(num) + 1];
    strcpy(pnum,num);
    strcpy(box,b);
}
```

用析构函数 ~ COM()代替成员函数 freespace(),该析构函数可以是:

```
COM:: ~ COM()
{
    if(pname) delete [] pname;
    if(punit) delete [] punit;
    if(pnum)delete [] pnum;
}
```

完整的参考程序为:

```
# include  < iostream.h >
# include  < string.h >

class COM{
    char * pname;                          //姓名
    char * punit;                          //单位
    char * pnum;                           //电话号码
    char  box[9];                          //邮编
  public:
    void print(void)
    {
        cout << "姓名:" << pname << '\t';
        cout << "单位:" << punit << '\t';
        cout << "电话号码:" << pnum << '\t';
        cout << "邮编:" << box << '\n';
    }

    COM(char * ,char * ,char * ,char * );
    COM();
    ~COM();

    void setname(char * name)
    {
        if(pname) delete [] pname;
        pname = new char[strlen(name) + 1];
        strcpy(pname,name);
    }

    void setunit(char * unit)
    {
        if(punit) delete [] punit;
```

```
        punit = new char[strlen(unit) + 1];
        strcpy(punit,unit);
    }

    void setnum(char * num)
    {
        if(pnum) delete [] pnum;
        pnum = new char[strlen(num) + 1];
        strcpy(pnum,num);
    }

    void setbox(char * telnum)
    {
        strcpy(box,telnum);
    }

    char * getname(void)
    { return pname;}

    char * getunit(void )
    {return punit; }

    char * getnum(void)
    { return pnum;}

    char * getbox(void)
    { return box;}

};

COM::COM()                                  //缺省的构造函数
{
    pname = punit = pnum = 0;
    box[0] = 0;
}

COM::COM(char * name,char * unit,char * num,char * b)
{                                           //构造函数
    pname = new char[strlen(name) + 1];
```

```
        strcpy(pname,name);
        punit = new char [strlen(unit) + 1];
        strcpy(punit,unit);
        pnum = new char [strlen(num) + 1];
        strcpy(pnum,num);
        strcpy(box,b);
    }

    COM:: ~COM()                                //析构函数
    {
        if(pname) delete [] pname;
        if(punit) delete [] punit;
        if(pnum)delete [] pnum;
    }

    void main(void)
    {
        COM c1("张三","南京纺织厂","025-5595638","210024"),
           c2("李四","南京无线电厂","025-5432455","210015");
        c1.print();
        c2.print();
        c1.setname("王国安");
        cout << c1.getname() << '\n';
        c1.setunit("南京大学");
        cout << c1.getunit() << '\n';
        c1.setnum("025-8755635");
        cout << c1.getnum() << '\n';
        c1.setbox("210090");
        cout << c1.getbox() << '\n';
        c1.print();
    }
```

(2) 在自建的子文件夹中建立一个项目文件“STRCOM”。

(3) 在以上程序的基础上,自己设计一个构成同班同学的通讯录源程序(定义一个对象数组,如 COM stu[40])。

(4) 将一个源程序文件“strcom.cpp”加入到项目文件“STRCOM” 中。

(5) 将自己设计的程序输入到文件“strcom.cpp”中。

(6) 用六个同学组成的通讯录,测试程序的正确性。

(7) 写出实验报告。

2. 上机实验题二。

下面定义一个存放字符串的线性表的类：

```
class LinearStr{
    int Size;                    //字符串指针数组的大小
    int Point;                   //字符串指针数组中实际存放的元素个数
    char ** strp;                //指向字符串指针数组的指针
  public:
  LinearStr(int n = 100)
  {
      if(n == 0) {
          Size = Point = 0;
          strp = 0;
      }
      else {
          Size = n;
          Point = 0;
          strp = new char * [n];
          for(int i = 0;i < n;i ++) strp[i] = 0;
      }
  }

  ~ LinearStr()
  {
      for(int i = 0;i < Point;i ++)
          if(strp[i]) delete [] strp[i];
          if(strp) delete [] strp;
  }
  …
  };
```

参照《Visual C++ 程序设计基础》(苏州大学出版社,2000 年)教材 P212 例 9.8 处理一个线性表的要求,补充成员函数和测试程序,构成一个完整的程序。

(1) 分析问题。至少要增加 4 个成员函数：第一个函数用于输出字符串线性表中的所有字符串,第二个函数用于将一个字符串加入到字符串线性表中,第三个函数用于从表中删除一个指定的字符串,第四个函数用于从表中查找一个字符串。

输出表中的所有字符串成员函数比较简单,可以是：

```
void LinearStr::print(void)
{
    cout << "包含的字符串个数为:" << Point << '\n';
    for(int i = 0; i < Point; i ++)
        cout << strp[i] << '\n';
```

```
        cout << '\n';
    }
```

将一个字符串加入到字符串线性表中时,有两种情况要分别处理:一种是线性表不满,为存放的字符串申请空间后,完成字符串的拷贝;另一种情况是线性表已满,这时要为线性表重新申请空间,并将原表拷贝到新表中,然后将字符串加入到新的线性表中。实现这一功能的成员函数可以是:

```
    void LinearStr::addstr(char * s)
    {
        if(Point < Size) {                          //线性表不满
            strp[Point] = new char[strlen(s) + 1];  //为存放字符串申请空间
            strcpy(strp[Point],s);                  //将字符串拷贝到线性表中
            Point ++ ;                              //表中的字符串个数增加一个
        }
        else {                                      //线性表已满
            char * * p;
            p = new char * [Size + 1];              //申请一个新的线性表
            for(int i = 0; i < Point ; i ++)        //A
                p[i] = strp[i];
            delete [] strp;                         //释放原线性表
            strp = p;
            Size ++ ;
            strp[Point] = new char[strlen(s) + 1];  //为存放字符串申请空间
            strcpy(strp[Point],s);                  //将字符串拷贝到线性表中
            Point ++ ;
        }
    }
```

A 行中的循环语句,使新线性表中的指针指向原线性表中保存的字符串。没有必要完全重新构造新的线性表,只要修改新线性表中的指针,使它们分别指向原线性表中的字符串。由于将新的字符串加入到原线性表和加入到新线性表中动作是相同的,上面的函数可改进为:

```
    void LinearStr::addstr(char * s)
    {
        if(Point == Size) {
            char * * p;
            p = new char * [ ++ Size];
            for(int i = 0; i < Point ; i ++)
                p[i] = strp[i];
            delete [] strp;
            strp = p;
```

```
    }
    strp[Point] = new char[strlen(s) + 1];
    strcpy(strp[Point], s);
    Point ++ ;
}
```

在线性表中查找一个字符串比较简单,只要依次比较线性表中的各个字符串。当找到时,返回找到的字符串在线性表中的序号,否则返回 -1。这个成员函数可以为:

```
int LinearStr::seach(char * s)
{
    for(int i = 0; i < Point; i ++)
        if(strcmp(strp[i], s) == 0) return i;
    return -1;
}
```

删除线性表中的一个字符串,可分解为:首先在线性表中找到指定的字符串,释放该字符串占用的存储空间,并使表中被删除字符串之后的字符串依次上移一个位置。这个成员函数可以是:

```
void LinearStr::deletestr(char * s)
{
    for(int i = 0; i < Point; i ++)
        if(strcmp(strp[i], s) == 0) break;
    if(i == Point)                        //表已查完,没有要删除的字符串
        cout << "表中没有要删除的字符串:" << s << '\n';
    else {                                //要删除表中第 i 个字符串
        delete [] strp[i];                //释放该字符串占用的存储空间
        for(int j = i; j < Point - 1; j ++)
            strp[j] = strp[j + 1];        //表中的字符串依次上移一个位置
        strp[Point - 1] = 0;
        Point -- ;                        //表中的字符串个数减少一个
        cout << "从线性表中已删除字符串:" << s << '\n';
    }
}
```

简化的完整的参考程序为:

```
#include <iostream.h>
#include <string.h>

class LinearStr{
    int Size;
    int Point;
    char ** strp;
```

```
    public:
        LinearStr(int n = 100)
        {
            if(n == 0) {
                Size = Point = 0;
                strp = 0;
            }
            else {
                Size = n;
                Point = 0;
                strp = new char *[n];
                for(int i = 0; i < n;i ++) strp[i] = 0;
            }
        }

        ~ LinearStr( )
        {
            for(int i = 0; i < Point;i ++)
                if(strp[i]) delete [] strp[i];
            if(strp) delete [] strp;
        }

        void print(void);
        void addstr(char *);
        int seach(char *);
        void deletestr(char *);
};

void LinearStr::print(void)
{
    cout << "包含的字符串个数为:" << Point << '\n';
    for(int i = 0; i < Point; i ++)
        cout << strp[i] << '\n';
    cout << '\n';
}

void LinearStr::addstr(char *s)
{
    if(Point == Size) {
```

```
            char * * p;
            p = new char * [++ Size];
            for(int i = 0; i < Point ; i ++)
                p[i] = strp[i];
            delete [] strp;
            strp = p;
        }
        strp[Point] = new char[strlen(s) + 1];
        strcpy(strp[Point],s);
        Point ++ ;
}

int LinearStr::seach(char * s)
{
        for(int i = 0; i < Point; i ++)
            if(strcmp(strp[i],s) == 0) return i;
        return -1;
}

void LinearStr::deletestr(char * s)
{
        for(int i = 0; i < Point; i ++)
            if(strcmp(strp[i],s) == 0) break;
        if(i == Point)
            cout << "表中没有要删除的字符串:" << s << '\n';
        else {
            delete [] strp[i];
            for(int j = i; j < Point - 1 ; j ++)
                strp[j] = strp[j + 1];
            strp[Point - 1] = 0;
            Point -- ;
            cout << "从线性表中已删除字符串:" << s << '\n';
        }
}

void main(void)
{
        LinearStr ls(5);
        ls.addstr("We are students!");
```

```
        ls.addstr("You are students too!");
        ls.addstr("They are students too!");
        ls.print();
        ls.deletestr("You are students too!");
        ls.print();
    }
```

（2）在自建的子文件夹中建立一个项目文件“STRLINE”。

（3）自己设计一个实现以上功能的源程序，并增加两个成员函数。第一个成员函数的原型为：

```
void LinearStr::printonestr(int j);
```

若 j < Point，则输出线性表中第 j 个字符串，否则输出“已出界！”。另一个成员函数的原型为：

```
void replacestr(char * s1, char * s2);
```

若在线性表中找到 s1 所指向的字符串，则将 s2 所指向的字符串替换线性表中找到的字符串。否则将 s2 所指向的字符串加入到线性表中。

提示：在线性表中找到指定的字符串时，先释放该字符串所占用的存储空间，然后为存放新字符串分配一个存储空间，再完成字符串的拷贝。

* 可再增加一个实现线性表拷贝的构造函数。

（4）将一个源程序文件“strlin.cpp”加入到项目文件“STRLINE”中。

（5）将自己设计的程序输入到文件“strlin.cpp”中。

（6）线性表中至少包含五个字符串，并完成各个成员函数的测试。

（7）写出实验报告。

实验 12　继承和派生类的应用

一、目的和要求

1. 掌握多重继承和派生类的方法。
2. 掌握在派生类中初始化基类成员的方法。
3. 掌握定义虚基类的方法，并能应用虚基类。

二、内容和步骤

1. 上机实验题一。

定义一个描述日期(年、月、日)的类，一个描述时间(时、分、秒)的类，并由这两个类派生出日期和时间类(由前两个类派生出来)。主函数完成基类和派生类的测试工作。

(1) 分析问题。定义一个描述日期的类，它可以包含一个构造函数(完成年、月、日的初始化)，一个重新设置日期的成员函数，一个获取日期的成员函数。这个类可定义为：

```
class Date{
    int Year, Month, Day;                      //分别存放年、月、日
  public:
    Date(int y = 0,  int m = 0, int d = 0)
    {
        Year = y;  Month = m;  Day = d;
    }
    void SetDate(int, int, int);
    void GetDate(char *);
};
```

成员函数 SetDate()很简单，请自行分析。要求成员函数 GetDate( )将整数年、月、日变换成字符串后，存放到参数所指向的字符串中。把一个整数变换成字符串可通过以下库函数来实现：

```
char *_itoa(int a , char * s, int b);
```

该函数的第一个参数为要变换的整数，第三个参数为数制的基数(如 b = 10，表示将 a 转换为对应的十进制的字符串)。函数返回变换后字符串的指针。完成这一功能的成员函数可以是：

```
void Date::GetDate(char * s)
{
    char t[20];
    _itoa(Year, s, 10);                        //将年变换为字符串表示
    strcat(s, "/");                            //年、月、日之间用 / 隔开
    _itoa(Month, t, 10);                       //将月变换为字符串表示
```

```
    strcat(s,t);                                    //将年、月字符串拼接
    strcat(s,"/");
    _itoa(Day,t,10);                                //将日变换为字符串表示
    strcat(s,t);                                    //将年、月、日拼接成一个字符串
}
```

定义描述时间的类完全与描述日期的类相似,然后用这两个类作为基类,公有派生出描述日期和时间的类。

完整的参考程序为:

```
#include <iostream.h>
#include <string.h>
#include <stdlib.h>

class Date{
    nt Year,Month,Day;                              //分别存放年、月、日
  public:
    Date(int y=0, int m=0,int d=0)
    {
        Year=y; Month=m; Day=d;
    }
    void SetDate(int ,int ,int);
    void GetDate(char *);
};

void Date::SetDate(int y,int m,int d)
{
    Year=y; Month=m; Day=d;
}

void Date::GetDate(char * s)
{
    char t[20];
    _itoa(Year,s,10);
    strcat(s,"/");
    _itoa(Month,t,10);
    strcat(s,t);
    strcat(s,"/");
    _itoa(Day,t,10);
    strcat(s,t);
}
```

```
class Time{
    int Hours,Minutes,Seconds;                    //时、分、秒
  public:
    Time(int h=0,int m=0, int s=0)
    {
        Hours=h; Minutes=m;
        Seconds=s;
    }

    void SetTime(int h,int m, int s)
    {
        Hours=h; Minutes=m;
        Seconds=s;
    }
    void GetTime(char *);
};

void Time::GetTime(char * s)
{
    char t[20];
    _itoa(Hours,s,10);
    strcat(s,":");
    _itoa(Minutes,t,10);
    strcat(s,t);
    strcat(s,":");
    _itoa(Seconds,t,10);
    strcat(s,t);
}

class DateTime:public Date,public Time{
  public:
    DateTime():Date(),Time()
    { }

    DateTime(int y,int m,int d,int h,int min,int s):
        Date(y,m,d),Time(h,min,s)
    { }
```

```
    void GetDateTime(char * );
    void SetDateTime(int y,int m,int d,int h,int min,int s);
};

void DateTime::GetDateTime(char * s)
{
    char s1[100],s2[100];
    GetDate(s1);
    GetTime(s2);
    strcpy(s,"日期和时间分别是:");
    strcat(s,s1);
    strcat(s,"; ");
    strcat(s,s2);
}

void DateTime::SetDateTime(int y,int m,int d,int h,int min,int s)
{
    SetDate(y,m,d);
    SetTime(h,min,s);
}

void main(void )
{
    Date d1(2001,1,30);
    char s[200];
    d1.GetDate(s);
    cout << "日期是:" << s << '\n';
    Time t1(12,25,50);
    t1.GetTime(s);
    cout << "时间是:" << s << '\n';
    DateTime dt1(2001,2,4, 8,20,15);
    dt1.GetDateTime(s);
    cout << s << '\n';
    dt1.SetDateTime(2002,12,30,23,50,20);
    dt1.GetDateTime(s);
    cout << s << '\n';
}
```

(2) 在自建的子文件夹中建立一个项目文件“DATE”。

(3) 自己设计一个实现以上功能的源程序。

(4) 将一个源程序文件“datetime.cpp”加入到项目文件“DATE”中。

(5) 将自己设计的程序输入到文件“datetime.cpp”中。

(6) 自己设计测试数据,完成程序的正确性测试。

(7) 写出实验报告。

2. 上机实验题二。

设计一个描述儿童、成人和老人的类系统,儿童又分为学龄前和学龄期儿童,成人有工作,老人已退休。把提取出的共性作为基类,并派生出满足要求的各个类及每一个类的必须操作。设计一个完整的程序。

(1) 分析问题。描述一个人的基本特性包括姓名、出生日期和出生地。把这些基本特性定义为一个基类 Base。不论学龄前还是学龄期儿童都要有一个监护人,为此在类 Base 的基础上派生出类 AllChil,再把类 AllChil 作为基类派生出学龄前和学龄期儿童的类。把类 Base 作为基类,分别派生出成人类和老人类。一个供参考的部分程序为:

```
#include <iostream.h>
#include <string.h>

class Base{
    char Name[14];                          //姓名
    int Year,Month,Day;                     //分别存放出生年、月、日
    char BothPlace[30];                     //出生地
  public:
    Base( char *n, int y,int m,int d,char *bp)
    {
        strcpy(Name,n);
        Year = y; Month = m; Day = d;
        strcpy(BothPlace,bp);
    }
    Base()
    {
          Name[0] = 0;
          Year = Month = Day = 0;
          BothPlace[0] = 0;
    }

    void SetDate(int ,int ,int);            //设置出生年、月、日
    void SetName(char *);                   //设置姓名
    void SetBothPlace(char *);              //设置出生地
    void GetDate(int *,int * ,int *);       //获取出生年、月、日
    void GetName(char *);                   //获取姓名
    void GetBothPlace(char *);              //获取出生地
```

```
    void PrintBase();                           //输出有关信息
};

class AllChil:public Base{
    char ParMa[14];
  public:
    AllChil():Base()
    { ParMa[0]=0; }

    AllChil(char *n, int y,int m,int d,char *bp,char *pm):
      Base(n,y,m,d,bp)
    {
        strcpy(ParMa,pm);
    }
    void SetParMa(char *);                      //设置监护人
    void GetParMa(char *);                      //获取监护人
    void PrintAllChil();                        //输出有关信息
};

class Men:public Base{
    char *unit;                                 //单位
    int salary;                                 //工资
    char tel[20];                               //电话
  public:
    Men():Base()
    {
        unit=0;
        salary=0; tel[0]=0;
    }
    Men(char *n, int y,int m,int d,char *bp,char *u,int s,char *te)
        :Base(n,y,m,d,bp)
    {…}                                         //初始化其成员
    void GetData(char *,int *,char *);          //取单位、工资、电话
    void SeetData(char *,int *,char *);         //设置单位、工资、电话
    void PrintMen();                            //输出有关信息
};

class OldMen:public Base {
    int salary;
```

```
    char tel[20];
public:
    …
};

…

void main(void )
{
    …
}
```

(2) 在自建的子文件夹中建立一个项目文件“MEN”。

(3) 完善以上程序。

(4) 将一个源程序文件“men.cpp”加入到项目文件“MEN” 中。

(5) 将自己设计的程序输入到文件“men.cpp”中。

(6) 自己设计测试数据,完成程序的调试。

(7) 写出实验报告。

实验 13　友元函数、虚函数和静态成员的应用

一、目的和要求

1. 掌握友元函数的定义方法,理解友元函数的特性。
2. 理解虚函数的特性。
3. 理解并掌握利用虚函数实现动态多态性和编写通用程序的方法。
4. 掌握静态数据成员的特性。

二、内容和步骤

1. 上机实验题一。

利用虚函数实现多态性来求四种几何图形的面积之和。这四种几何图形是:三角形、矩形、正方形和圆。几何图形的参数可以通过构造函数或通过成员函数来设置。

(1) 分析问题。计算这四种几何图形的面积公式分别是:

已知三角形边长为 W,高为 H 时,三角形的面积公式为 area = W * H/2;

已知矩形的长为 W,宽为 H 时,矩形的面积公式为 area = W * H;

已知正方形的边长为 S,正方形的面积公式为 area = S * S;

已知圆的半径为 R,圆的面积公式为 area = 3.1415926 * R * R;

为了求出不同形状几何图形的面积和设置几何图形的数据,需要定义一个包含两个虚函数的类:

```
class Shape{
  public:
    virtual float Area(void) = 0;
    virtual void Setdata(float,float = 0) = 0;
};
```

因面积的计算依赖于几何图形,故在类中只能定义一个纯虚函数 Area()。同理,设置几何图形的数据函数 Setdata()也只能定义为虚函数。

把这个类作为派生出其他几何图形类的基类,如派生出的三角形类为:

```
class Triangle:public Shape {
    float W,H;                          //三角形底为 W,高为 H
  public:
    Triangle(float w = 0,float h = 0)
    { W = w; H = h; }

    float Area(void)
    { return W * H/2; }
```

```
    void Setdata(float w,float h=0)
    { W=w; H=h; }
};
```

在这个类中定义了基类中给出的两个虚函数的实现。为了实现求面积和设置数据的多态性,必须定义一个类,该类中定义一个指向基类 Shape 的指针数组,其元素分别指向由基类 Shape 派生出的不同的几何图形类,并完成求出所有几何图形面积之和,以及设置参数的成员函数。

完整的参考程序为:

```
#include <iostream.h>
#include <string.h>

class Shape{
  public:
    virtual float Area(void)=0;
    virtual void Setdata(float,float=0)=0;
};

class Triangle:public Shape {
    float W,H;
  public:
    Triangle(float w=0,float h=0)
    { W=w; H=h; }

    float Area(void)
    { return W*H/2; }

    void Setdata(float w,float h=0)
    { W=w; H=h; }
};

class Rectangle:public Shape {
    float W,H;                          //矩形长为 W,高为 H
  public:
    Rectangle(float w=0,float h=0)
    { W=w; H=h; }

    float Area(void)
    { return W*H; }
```

```
    void Setdata(float w,float h=0)
    { W=w; H=h; }
};

class Square:public Shape {
    float S;                              //正方形边长为 S
  public:
    Square(float a=0)
    { S=a; }

    float Area(void)
    { return S*S; }

    void Setdata(float w,float h=0)
    { S=w; }
};

class Circle:public Shape {
    float R;                              //圆的半径为 R
  public:
    Circle(float r=0)
    { R=r; }

    float Area(void)
    { return 3.1415926*R*R ; }

    void Setdata(float w,float h=0)
    { R=w; }
};

class Compute{
    Shape **s;                            //指向基类的指针数组
  public:
    Compute()
    {                                     //构造函数给几何图形设置参数
        s=new Shape*[4];
        s[0]=new Triangle(3,4);
        s[1]=new Rectangle(6,8);
        s[2]=new Square(6.5);
```

```
        s[3] = new Circle(5.5);
    }

    float SumArea(void);
    ~ Compute();
    void Setdata(int n, float a,float b = 0)
    {                       //通过基类指针来调用设置数据的成员函数,实现多态性
        s[n] -> Setdata(a,b);
    }
};

Compute:: ~ Compute()
{                           //释放动态分配的存储空间
    for(int i = 0; i < 4; i++)
        delete s[i];
    delete [] s;
}

float Compute::SumArea(void)
{
    float sum = 0;
    for(int i = 0; i < 4; i++)
        sum += s[i] -> Area();//通过基类指针实现多态性,求不同图形的面积
    return sum;
}

void main(void)
{
    Compute a;
    cout << "4 种几何图形的面积 = " << a.SumArea() << '\n';
    a.Setdata(2,10);            //设置正方形的边长
    cout << "4 种几何图形的面积 = " << a.SumArea() << '\n';
    a.Setdata(0,10,12);         //设置三角形的底和高
    cout << "4 种几何图形的面积 = " << a.SumArea() << '\n';
    a.Setdata(1,2,5);           //设置矩形的长和宽
    cout << "4 种几何图形的面积 = " << a.SumArea() << '\n';
    a.Setdata(3,15.5);          //设置圆的半径
    cout << "4 种几何图形的面积 = " << a.SumArea() << '\n';
}
```

(2) 在自建的子文件夹中建立一个项目文件“SumArea”。

(3) 自己设计一个实现以上功能的源程序。

(4) 将一个源程序文件“SumArea.cpp”加入到项目文件“SumArea”中。

(5) 将自己设计的程序输入到文件“SumArea.cpp”中。

(6) 自己设计测试数据,测试程序的正确性。

(7) 写出实验报告。

*2. 上机实验题二。

利用《Visual C++程序设计基础》(苏州大学出版社,2000年)教材第281页例12.7提供的通用双向链表操作类,建立一条双向有序链表,结点数据包括姓名、地址和工资。按工资从小到大的顺序排序。

(1) 分析问题。首先要定义由抽象类 Object 派生出满足题目要求的结点数据类,这个派生类为:

```
class MenNode:public Object{            //由抽象类 Object 派生出描述结点数据的类
    char *Name;                         //姓名
    char *Addr;                         //地址
    int Salary;                         //工资
  public:
    MenNode(char n=0, char a=0, iny s=0)
    {                                   //完成数据初始化
        if(n==0) Name=0;
        else {
            Name=new  char[strlen(n)+1];
            strcpy(Name,n);
        }
        if(a==0) Addr=0;
        else {
            Addr=new char [strlen(a)+1];
            strcpy(Addr,a);
        }
        Salary=s;
    }

    void SetData(char *,char *,int);   //重新设置结点的数据
    int IsEqual(Object &);              //判断两个结点是否相等
    int IsGreat(Object &ob);            //判断 ob 结点是否大于当前结点

    ~MenNode()                          //释放动态分配的存储空间
    {
        if(Name) delete [] Name;
```

```
        if(Addr) delete [] Addr;
    }
    void Show()                          //重新定义虚函数
    { cout << "姓名:" << Name << '\t' <<
        "地址:" << Addr << '\t' << "工资:" << Salary << '\n';
    }
};
```

为了实现成员函数 IsGreat()的多态性,在抽象类中要增加这个纯虚函数,该类重新定义为:

```
class Object{                            //定义一个抽象类,用于派生描述结点信息的类
    public:
    Object(){ }
    virtual int IsEqual(Object &) = 0;   //判断两个结点是否相等
    virtual void Show() = 0;             //输出一个结点上的数据
    virtual int IsGreat(Object &) = 0;   //比较两个结点的大小
    virtual ~Object(){ };
};
```

在例 12.7 中建立的双向链表是无序的,每一个新产生的结点总是加到链表的尾部。当要产生一条双向有序链表时,必须重新设计把一个结点加入链表的成员函数:

```
void List::AddNode(Node * node);
```

该成员函数首先要在链表上找到插入位置。找到的插入位置有三种情况:第一种是插在链首(该结点上的工资比链表上任一结点的工资都要小);第二种是加到链尾(该结点上的工资比链表上任一结点的工资都要大);第三种是插入链表中的某一个结点之前,即插入链表的中间。根据确定的插入位置,将新结点插入双向链表中。这个成员函数为:

```
void List::AddNode(Node * node)
{
    if(Head == 0){                       //A
        Head = Tail = node;              //使链表首和链表尾指针都指向该结点
        node -> Next = node -> Prev = 0;//将该结点的前后向指针置为空
    }
    else {                               //链表不为空,找到插入位置
        Node * pn = Head;
        while(pn) {                      //B
            Object &obj = *(node -> Info);
            if(pn -> Info -> IsGreat(obj) <= 0) break;      //C
            else pn = pn -> Next;
        }
        if(pn == 0){                     //D
            Tail -> Next = node;         //使原链表尾结点的后向指针指向该结点
```

```
            node -> Prev = Tail;          //使该结点的前向指针指向原链表尾结点
            Tail = node;                  //使 Tail 指向新的链表尾结点
            node -> Next = 0;
        }
        else {                            //插在 pn 所指向结点之前
            if(pn == Head) {              //E
                node -> Next = Head;
                Head -> Prev = node;
                node -> Prev = 0;
                Head = node;
            }
            else{                         //F
                                          //使 pn 指向结点的前一个结点指向 node
                pn -> Prev -> Next = node;
                node -> Next = pn;
                node -> Prev = pn;        //设置后向链
                pn -> Prev = node;
            }
        }
    }
}
```

若 A 行中条件成立时,表示当前的双向链表为空链表。把当前要插入的结点作为链表上的第一个结点,初始化这个双向链表。B 行中的循环语句实现查找插入位置,当找到插入位置或整个链表上的结点都查完后,结束这个循环语句。若 C 行中的条件成立时,表示要把新结点插在 pn 所指向的结点之前,用"break;"语句终止循环,结束查找过程。若 D 行中的条件成立时,表示新结点上的工资比链表上任一结点的工资都要大,要把新结点插入链尾。若 E 行中的条件成立时,表示新结点上的工资比链表上任一结点的工资都要小,要把新结点插在双向链表的第一个结点之前;否则将新结点插在 pn 所指向的结点之前。

完整的参考程序为:

```
// chain.h
#include <iostream.h>
#include <string.h>

class Object{                             //定义一个抽象类,用于派生描述结点信息的类
  public:
    Object(){ }
    virtual int IsEqual(Object &) = 0;//判断两个结点是否相等
    virtual void Show() = 0;          //输出一个结点上的数据
    virtual int IsGreat(Object &) = 0; //比较两个结点的大小
```

```
    virtual ~Object(){};
};

class Node{                                   //结点类
  private:
    Object * Info;                            //指向描述结点的数据域
    Node * Prev, * Next;                      //用于构成链表的前后向指针
  public:
    Node(){ Info = 0; Prev = 0; Next = 0;}
    Node(Node &node)                          //完成拷贝功能的构造函数
    {
        Info = node.Info;
        Prev = node.Prev;
        Next = node.Next;
    }
    void FillInfo(Object * obj){Info = obj;}  //使 Info 指向数据域
    friend class List;                        //定义友元类
};

class List{                                   //实现双向链表操作的类
    Node * Head, * Tail;                      //链表首和链表尾指针
  public:
    List(){Head = Tail = 0;}                  //置为空链表
    ~List(){DeleteList();}                    //释放链表占用的存储空间
    void AddNode(Node * );                    //在链表尾加一个结点
    Node * DeleteNode(Node * );               //删除链表中的一个指定的结点
    Node * LookUp(Object &);                  //在链表中查找一个指定的结点
    void ShowList();                          //输出整条链表上的数据
    void DeleteList();                        //删除整条链表
};

void List::AddNode(Node * node)
{
    if(Head == 0){                            //条件成立时,为空链表
        Head = Tail = node;                   //使链表首和链表尾指针都指向该结点
        node -> Next = node -> Prev = 0;      //将该结点的前后向指针置为空
    }
    else {                                    //链表不为空,找到插入位置
        Node * pn = Head;
```

```
        while (pn) {
            Object &obj = *(node -> Info);
            if(pn -> Info -> IsGreat(obj) <= 0) break;
            else pn = pn -> Next;
        }
        if(pn == 0){                //插入链尾
            Tail -> Next = node;    //使原链表尾结点的后向指针指向该结点
            node -> Prev = Tail;    //使该结点的前向指针指向原链表尾结点
            Tail = node;            //使 Tail 指向新的链表尾结点
            node -> Next = 0;
        }
        else {                      //插在 pn 所指向结点之前
            if(pn == Head ){        //插在第一个结点之前
                node -> Next = Head;
                Head -> Prev = node;
                node -> Prev = 0;
                Head = node;
            }
            else{
                //使 pn 指向结点的前一个结点指向 node
                pn -> Prev -> Next  =  node;
                node -> Next = pn;
                node -> Prev = pn;     //设置后向链
                pn -> Prev = node;
            }
        }
    }
}

Node *List::DeleteNode(Node *node)
{                                   //删除指定的结点

    if(node == Head){               //二者相等,表示删除链表首结点
        if(node == Tail)            //二者相等,表示链表上只有一个结点
            Head = Tail = 0;
        else {                      //删除链表首结点
            Head = node -> Next;
            Head -> Prev = 0;
        }
```

```
    }
    else {                                  //删除的结点不是链表上的首结点
        node -> Prev -> Next = node -> Next;   //从后向链指针上取下该结点
        if(node! = Tail) node -> Next -> Prev = node -> Prev;
        else Tail = node -> Prev ;             //要删除的结点为链表尾结点
    }
    node -> Prev = node -> Next = 0;          //将已删除结点的前后向指针置为空
    return( node);
}

Node * List::LookUp(Object &obj)              //从链表上查找一个结点
{
    Node * pn = Head;
    while(pn) {
        if(pn -> Info -> IsEqual(obj)) return pn;  //找到要找的结点
        pn = pn -> Next;
    }
    return 0;                                 //链表上没有要找的结点
}

void List::ShowList()                         //输出链表上各结点的数据值
{
    Node * p = Head;
    while(p) {
        p -> Info -> Show();
        p = p -> Next;
    }
}

void List::DeleteList()                       //删除整条链表
{
    Node * p, * q;
    p = Head;
    while(p) {
        delete p -> Info;                     //释放描述结点数据的动态空间
        q = p;
        p = p -> Next;
        delete q;                             //释放 Node 占用的动态空间
    }
```

```
}
//chain.cpp
class MenNode:public Object{            //由抽象类派生出描述结点数据的类
    char * Name;                        //姓名
    char * Addr;                        //地址
    int Salary;                         //工资
  public:
    MenNode(char * n=0, char * a=0, int s=0)
    {
        if(n==0) Name=0;
        else {
            Name=new char[strlen(n)+1];
            strcpy(Name,n);
        }
        if(a==0) Addr=0;
        else {
            Addr=new char[strlen(a)+1];
            strcpy(Addr,a);
        }
        Salary=s;
    }

    void SetData(char *,char *, int );
    int IsEqual(Object &);
    int IsGreat(Object &);

    ~MenNode()
    {
        if(Name) delete [] Name;
        if(Addr) delete [] Addr;
    }

    void Show()                         //重新定义虚函数
    { cout <<"姓名:"<< Name << '\t' <<
        "地址:"<< Addr << '\t' <<"工资:"<< Salary << '\n';
    }
};

void MenNode::SetData(char *n ,char *a, int s)
```

```
{
    if(Name) delete [] Name;
    if(Addr) delete [] Addr;
    if(n == 0) Name = 0;
    else {
        Name = new char [strlen(n) + 1];
        strcpy(Name, n);
    }
    if(a == 0) Addr = 0;
    else {
        Addr = new char [strlen(a) + 1];
        strcpy(Addr, a);
    }
    Salary = s;
}

int MenNode::IsEqual(Object &obj)
//重新定义比较两个结点是否相等的虚函数
{
    MenNode &temp = (MenNode &) obj;
    return (Salary == temp.Salary);    //相等返回1,否则返回0
}

int MenNode::IsGreat(Object &obj)
//重新定义比较obj结点是否大于当前结点的虚函数
{
    MenNode &temp = (MenNode &) obj;
    return (temp.Salary - Salary);
    //相等返回0,大于返回正整数,小于返回负整数
}

void main(void)
{
    MenNode *p;
    Node *pn, *pt, node;
    List list;
    for(int i = 1; i < 5; i++) {          //建立包含五个结点的双向链表
        p = new MenNode;                  //动态建立一个MenNode类的对象
        char name[20], addr[40];
```

```
        int s;
        cout << "输入姓名、地址和工资:";
        cin.getline(name,20);
        cin.getline(addr,40);
        cin >> s; cin.get();
        p -> SetData(name,addr,s);
        pn = new Node;                          //建立一个新结点
        pn -> FillInfo(p);                      //填写结点的数据域
        list.AddNode(pn);                       //将新结点加入链表尾
    }
    list.ShowList();                            //输出链表上各结点的数据值
    cout << '\n';
    MenNode da;
    da.SetData("zhang", "NanJin", 2000);        //设置要查找的结点数据值
    pn = list.LookUp(da);                       //从链表上查找指定的结点
    if (pn) pt = list.DeleteNode(pn);           //若找到,则从链表上删除该结点
    list.ShowList();                            //输出已删除结点后的链表
    cout << '\n';
    if (pn) list.AddNode(pt);                   //将该结点加入链表尾
    list.ShowList();                            //输出已加一个结点后的链表
}
```

(2) 在自建的子文件夹中建立一个项目文件“DOUCHAIN”。

(3) 自己设计一个实现以上功能的头文件和源程序。

(4) 将一个头文件“chain.h”和源程序文件“chain.cpp”加入到项目文件“DOUCHAIN”中。

(5) 将自己设计的头文件输入到文件“chain.h”中。

(6) 将自己设计的源程序输入到文件“chain.cpp”中。

(7) 自己设计测试数据,完成程序的调试工作,写出实验报告。

实验 14　运算符重载的应用

一、目的和要求

1. 掌握用友元函数重载运算符的方法。
2. 掌握用成员函数重载运算符的方法。

二、内容和步骤

定义一个复数类，通过重载运算符“*”和“/”，直接实现两个复数之间的乘除运算。编写一个完整的程序，测试重载运算符的正确性。运算符“*”用友元函数实现重载，而运算符“/”用成员函数实现重载。

(1) 分析问题。两复数相乘的计算公式为：

$$(a+bi)*(c+di)=(ac-bd)+(ad+bc)i$$

两复数相除的计算公式为：

$$(a+bi)/(c+di)=(ac+bd)/(c*c+d*d)+(bc-ad)/(c*c+d*d)i$$

参考《Visual C ++ 程序设计基础》(苏州大学出版社，2000 年)教材第 301 页的例 13.1 和第 308 页的例 13.3，可直接写出如下的参考程序：

```
# include < iostream.h >

class  Complex{
    float Real, Image;
  public:
    Complex(float r = 0,float i = 0)
    {Real = r;Image = i;}
    void Show()
    {
        cout << "Real = " << Real << '\t' << "Image = " << Image << '\n';
    }
    friend Complex operator *(Complex &, Complex &);
    Complex operator /(Complex &);    //重载运算符 +
};

Complex operator *(Complex &c1,Complex &c2)
{
    Complex t;
    t.Real = c1.Real * c2.Real - c1.Image * c2.Image;
```

```
    t.Image = c1.Image * c2.Real + c1.Real * c2.Image;
    return t;
}

Complex Complex::operator/(Complex &c)
{
    Complex t;
    t.Real = (Real * c.Real + Image * c.Image)/(c.Real * c.Real +
        c.Image * c.Image);
    t.Image = (Image * c.Real - Real * c.Image)/(c.Real * c.Real +
        c.Image * c.Image);
    return t;
}

void main(void )
{
    Complex c1(25,50),c2(100,200),c3,c4;
    c3 = c1 * c2;
    c4 = c1/c2;
    c1.Show();
    c2.Show();
    c3.Show();
    c4.Show();
}
```

(2) 在自建的子文件夹中建立一个项目文件“COMPLEX”。

(3) 自己设计一个实现以上功能的源程序。

(4) 将一个源程序文件“MULDIV.cpp”加入到项目文件“COMPLEX” 中。

(5) 将自己设计的程序输入到文件“MULDIV.cpp”中。

(6) 自己设计测试数据,完成程序的调试工作。

(7) 写出实验报告。

实验 15　标准设备和文件流的输入/输出

一、目的和要求

1. 掌握标准设备的输入/输出方法。
2. 掌握文件流的打开、关闭及读写方法。
3. 区分文本文件流与二进制文件流在操作上的区别。

二、内容和步骤

1. 上机实验题一。

编一程序实现书目的简单管理,可连续将新书存入文件"book.dat"中,也可以按书名进行查找,把文件"book.dat"中同书名的所有书均显示出来。为简单起见,描述一本书的信息包括书号、书名、出版社和作者。

(1) 分析问题。可以把描述一本书的信息定义为一个类 Book,它包含必要的成员函数。把描述新书的信息加入到文件尾部,所以,要以增补方式打开输出文件。从文件中查找书时,总是从文件开始位置查找,要以读方式打开文件。用一个循环语句实现可连续地将新书加入文件或从文件中查找指定的书。由于是以一个类 Book 的实例进行文件输入/输出的,所以,该文件的类型应该是二进制文件。

简化的参考程序为:

```
# include < iostream.h >
# include < string.h >
# include < fstream.h >

class Book{
      long int num;                    //书号
      char bookname[40];               //书名
      char publicname[40];             //出版社
      char name[20];                   //作者
   public:
      Book()
      {
          num = 0; bookname[0] = 0;
          publicname[0] = 0;    name[0] = 0;
      }
      char * Getbookname(void)
      { return bookname ;}
```

```
    long Getnum(void) { return num;}
    void Setdata(long , char * ,char * ,char * );
    void Show(void);
    Book(long, char * ,char * ,char * );
    ~ Book() {  }
};

void Book::Setdata(long nu , char * bn,char * p,char * n)
{
    num = nu; strcpy(bookname,bn);
    strcpy(publicname,p);
    strcpy(name,n);
}

void Book::Show(void )
{
    cout << "书号:" << num << '\t';
    cout << "书名:" << bookname << '\t';
    cout << "出版社:" << publicname << '\t';
    cout << "作者:" << name << '\n';
}

Book::Book(long nu,char *  bp,char * p,char * n)
{
    Setdata(nu,p,p,n);
}

void main(void )
{
    Book b1,b2;
    long nu;
    char bn[40];          //书名
    char pn[40];          //出版社
    char na[20];          //作者

    ifstream file1,file2;
    ofstream file3;

    char flag = 'y';
```

```
while(flag == 'y'||flag == 'Y') {   //由 flag 控制循环
      cout << "\t \t \t1: 按书名查找一本书!\n";
      cout << "\t \t \t2: 加入一本新书!\n";
      cout << "\t \t \t3: 退出!\n 输入选择:";
      int f;
      cin >> f;
      switch(f){
        case 1:
          cout << "输入要查找的书名:"; cin >> bn;
          file1.open("book.dat",ios::in | ios::binary);   //按读方式打开文件
          while(!file1.eof()){
              file1.read((char *)&b1,sizeof(b1));
              if(strcmp(b1.Getbookname(),bn) == 0)   //显示找到书的信息
                  b1.Show();
          }
          file1.close();
          break;
        case 2:
          cout << "输入书号:"; cin >> nu;
          cout << "输入书名:"; cin >> bn;
          cout << "输入出版社:"; cin >> pn;
          cout << "输入作者:"; cin >> na;
          b1.Setdata(nu,bn,pn,na);
          //按增补方式打开二进制文件
          file3.open("book.dat",ios::app | ios::binary);
          file3.write((char *)&b1,sizeof(b1));
          file3.close();
          break;
        default: flag = 'n';
      }
    }
}
```

(2) 在自建的子文件夹中建立一个项目文件“FILE1”。
(3) 自己设计一个实现以上功能的源程序。
(4) 将一个源程序文件“file.cpp”加入到项目文件“FILE1” 中。
(5) 将自己设计的程序输入到文件“file.cpp”中。
(6) 自己设计测试数据,完成程序的调试工作,增加输出文件内容的程序,以便确定程

序是否正确。

(7) 写出实验报告。

2. 上机实验题二。

重载提取和插入运算符,实现对象的输入和输出。对象至少包含两个数据项。

(1) 分析问题。自定义一个描述人的基本信息的类,包含如下数据成员：姓名、单位和出生日期。用友元函数重载提取和插入运算符,实现对象的输入和输出。

完整的参考程序为：

```
#include <iostream.h>
#include <string.h>

class Men{
    char name[20];              //姓名
    char unit[40];              //单位
    int year,month,day;         //出生日期
  public:
    Men(char *n=0,char *u=0,int y=0,int m=0,int d=0)
    {
        if(n==0) name[0]=0;
        else strcpy(name,n);
        if(u==0) unit[0]=0;
        else strcpy(unit,u);
        year=0; month=0; day=0;
    }
    friend ostream &operator<<(ostream &, Men &);
    friend istream &operator>>(istream &, Men &);
};

ostream &operator<<(ostream &s, Men &m)
{
    cout<<"姓名:"<<m.name<<'\t'<<"单位:"<<m.unit<<'\n';
    cout<<"出生年、月、日:("<<m.year<<','<<m.month<<','<<m.day<<")\n";
    return s;
}

istream &operator>>(istream &s, Men &m)
{
    cout<<"输入姓名:";       s>>m.name;
    cout<<"输入单位:";       s>>m.unit;
    cout<<"输入出生日期:";s>>m.year>>m.month>>m.day;
```

```
        return s;
    }

    void main(void )
    {
        Men b1,b2;
        cin >> b1;
        cin >> b2;
        cout << b1;
        cout << b2;
    }
```

(2) 在自建的子文件夹中建立一个项目文件“IOS”。

(3) 自己设计一个实现以上功能的源程序。

(4) 将一个源程序文件“io.cpp”加入到项目文件“IOS” 中。

(5) 将自己设计的程序输入到文件“io.cpp”中。

(6) 自己设计测试数据,完成程序的调试工作。

(7) 写出实验报告。

附录　集成环境的菜单功能介绍

VC ++ 6.0 的菜单栏由多个菜单组成。当选择某一菜单后,系统将给出下拉式子菜单。在下拉式子菜单中,有些菜单项的右边有相应的快捷键。菜单中带有三个圆点符的菜单项表示选择该菜单项后,系统将弹出一个对话框。带有黑三角箭头的菜单项表示选择该项后,系统自动弹出级联菜单。显示灰色的菜单项,则表示在当前的条件下,不能选择该菜单项。

注意:如果在窗口的不同位置上单击鼠标右键,系统将弹出快捷菜单,可在快捷菜单中选择与当前位置相关操作的命令。

一、"File"菜单

"File"菜单包含用于对文件进行操作的多个命令项。

1."New..."菜单项。

该菜单项用于打开"New"对话框,使用该菜单项可以创建新的源程序文件、头文件、项目文件、工作区文件和其他的文档文件。

2."Open..."菜单项。

该菜单项打开"Open"对话框,用于打开已存在的文件。文件的类型可以是源程序文件、头文件、Web 文件、资源文件等。

3."Close"菜单项。

该菜单项关闭已打开的文件。若在 VC ++ 的集成环境下打开了多个文件,选择该命令,则关闭当前活动窗口中的文件。

4."Open Workspace..."菜单项。

该菜单项打开"Open Workspace"对话框,用于打开已存在的工作空间文件或项目文件。

5."Save Workspace"菜单项。

该菜单项用于保存打开的工作区文件或项目文件。

6."Close Workspace"菜单项。

该菜单项用于关闭工作区文件或项目文件。在 VC ++ 的集成环境下一次只能打开一个工作空间文件。

7."Save"菜单项。

该菜单项保存当前窗口或活动窗口的文件内容,即把窗口中的内容写到文件中。

8."Save As..."菜单项。

该菜单项把当前窗口或活动窗口中的文件内容保存到另一个新文件中。

9."Save All"菜单项。

该菜单项用于保存所有窗口内的文件内容。

10."Page Setup..."菜单项。

该菜单项设置和格式化要打印的结果。选择此菜单项将弹出一个"Page Setup"对话框。

11."Print..."菜单项。

该菜单项用来打印当前活动窗口中的文件内容。选择该菜单项将弹出"Print"对话框,允许用户设置要打印的范围和打印机类型。

12.“Recent Files”菜单项。

选择该菜单项将弹出一个级联菜单,它包含了最近打开过的文件,用鼠标选择其中的某一个文件,系统则打开该文件。这是想打开最近已使用过的文件的快捷方法。

13.“Recent Workspaces”菜单项。

选择该菜单项将弹出一个级联菜单,它包含了最近打开过的工作空间文件或项目文件,用鼠标选择其中的某一个文件,系统则打开该文件。这是想打开最近已使用过的工作空间文件或项目文件的快捷方法。

14.“Exit”菜单项。

该菜单项用于退出 VC ++ 的集成环境。

二、“Edit”菜单

“Edit”菜单包含用于编辑或查找的菜单项。

1.“Undo”菜单项。

该菜单项用于取消最近一次的编辑操作。

2.“Redo”菜单项。

该菜单项的含义是重做的意思,即取消最近一次的“Undo”操作。

3.“Cut”菜单项。

该菜单项用于把活动窗口选定的内容剪切到剪贴板中。

4.“Copy”菜单项。

该菜单项把活动窗口选定的内容拷贝到剪贴板中。

5.“Paste”菜单项。

该菜单项把剪贴板中的内容复制到当前光标所在的位置。

6.“Delete”菜单项。

该菜单项用于删除活动窗口中选定的内容。

7.“Select All”菜单项。

该菜单项选择当前窗口中的全部内容。

8.“Find...”菜单项。

该菜单项用于查找活动窗口中的指定字符串。当选择该菜单项时,则弹出“Find ”对话框。

9.“Find in Files...”菜单项。

选择该菜单项将弹出“Find in Files”对话框。该菜单项用于在多个文件中查找文本(字符串)。

10.“Replace...”菜单项。

选择该菜单项将弹出“Replace”对话框。该菜单项用于查找并替换指定的字符串。

11.“Goto...”菜单项。

选择该菜单项将弹出“Goto”对话框,用于指定以何种方式将光标移到当前窗口中的指定位置(如指定行号,对象的定义位置,引用位置等)。

12.“Bookmarks...”菜单项。

选择该菜单项将弹出“Bookmarks”对话框,用于在源程序文件中设置或取消书签。

13."Advance"菜单项。

选择该菜单项将弹出级联菜单,用于修改编辑的高级命令。

14."Breakpoints…"菜单项。

选择该菜单项将弹出"Breakpoints"对话框,可用它设置、删除或查看断点。在调试程序时,需要设置断点。当设置一个断点(程序中的某一个位置)后,程序执行到该断点时,立即终止程序的执行。设置断点的目的是查看程序执行到当前位置时有关变量的值,以便判断程序的正确性。

15."List Members"菜单项。

当把光标移到当前活动窗口中的某一个类中,选择该菜单项将弹出一个提示框,在该框中列出该类中包含的全部成员函数列表。

16."Type Info"菜单项。

当把光标移到当前活动窗口中的某一个变量的标识符中间,选择该菜单项将弹出一个提示框,显示该变量的类型信息。

17."Parameter"菜单项。

当把光标移到当前活动窗口中的某一个函数中,选择该菜单项将弹出一个提示框,在该框中列出该函数的参数类型列表。

18."Complete Word"菜单项。

当把光标移到当前活动窗口中的某一个字符串,选择该菜单项将自动补充该单词后面的字母,即构成一个完整的英文单词。

三、"View"菜单

"View"菜单包含检查源程序代码和调试程序信息的菜单项。

1."ClassWizard..."菜单项。

选择该菜单项将启动 VC ++ 提供的 MFC 类库设计向导——ClassWizard。可用它来创建新类、新的消息处理函数等。

2."Resource Symbols..."菜单项。

选择该菜单项将弹出一个资源符号浏览器,列出资源符号名和对应的值等。

3."Resource Includes..."菜单项。

选择该菜单项将弹出"Resource Includes"对话框,可修改资源符号文件名或编译预处理命令。

4."Full Screen"菜单项。

选择该菜单项将以全屏幕方式显示活动窗口。切换到全屏幕方式后,可按【Esc】键返回到正常的显示方式。

5."Workspace"菜单项。

选择该菜单项将显示工作区窗口。

6."Output"菜单项。

选择该菜单项将显示输出窗口。

7."Debug Windows"菜单项。

该菜单项用于调试程序。

8."Refresh"菜单项。

该菜单项用于刷新选定的内容。

9．“Properties”菜单项。

该菜单项用于查看和设置对象的属性。

四、“Insert”菜单

“Insert”菜单包含创建新类、新资源、向文档中插入文件等功能。

1．“New Class...”菜单项。

选择该菜单项将弹出“New Class”对话框，用于创建新类并添加到项目中。

2．“New Form...”菜单项。

选择该菜单项将弹出“New Form”对话框，用于创建新表单并添加到项目中。

3．“Resource...”菜单项。

选择该菜单项将弹出“Resource”对话框，用于创建新资源或将资源插入到资源文件中。

4．“Resource Copy...”菜单项。

选择该菜单项将创建选定资源的备份。

5．“File As Text...”菜单项。

选择该菜单项将弹出“Insert File”对话框，将选定的文件以文本格式插入到文档中。

6．“New ATL Object...”菜单项。

选择该菜单项将启动“ATL Object Wizard”，添加新的 ATL 对象。

五、“Project”菜单

“Project”菜单包含用于管理项目和工作区的命令。

1．“Set Active Project”菜单项。

该菜单项用于将指定的项目作为工作区中的活动项目。

2．“Add to Project”菜单项。

选择该菜单项将弹出级联菜单，用于向活动的项目文件中添加文件、文件夹、数据链接以及重用部件。

3．“Dependencies...”菜单项。

选择该菜单项将弹出“Project Dependencies”对话框，用于编辑该项目中各部分间的相互依赖关系。

4．“Settings...”菜单项。

选择该菜单项将弹出“Project Settings”对话框，用于对项目的设置。

5．“Export Makefile...”菜单项。

选择该菜单项将弹出“Export Makefile ”对话框，用于产生按外部 Make 文件格式的项目管理文件。

6．“Insert Project into Workspace...”菜单项。

选择该菜单项将弹出“Insert Project into Workspace”对话框，用于将已有的项目插入到工作区文件中。

六、“Build”菜单

“Build”菜单包含对项目中的所有文件进行编译、连接、执行应用程序和调试程序的命令。

1．“Compile XXX”菜单项。

该命令用于编译源程序文件，即将源程序文件编译成目标程序文件（扩展名为.obj）。若有编译错误，则在输出窗口中给出错误信息。

2．"Build XXX"菜单项。

该命令用于编译和连接项目文件中最近修改过的所有文件，若没有错误则产生一个可执行文件。若有编译或连接错误，则在输出窗口中给出错误信息。

3．"Rebuild All"菜单项。

该命令用于编译和连接项目文件中的所有文件，其功能类同于"Build"命令。

4．"Batch Build..."菜单项。

选择该菜单项将弹出"Batch Build"对话框，用于一次编译和连接多个项目。

5．"Clean"菜单项。

该命令用于删除项目的中间文件和清空输出文件。

6．"Update All Dependencies"菜单项。

选择该菜单项将弹出"Update All Dependencies"对话框，指定要更新项目中各部分的相互关联关系。

7．"Start Debug"菜单项。

选择该菜单项将弹出一个级联菜单，启动调试程序。一旦启动调试程序，系统将用"Debug"菜单替换"Build"菜单。这时可用"Debug"菜单中的命令来调试程序。当选择"Debug"菜单中的"Stop Debugging"命令时，系统恢复"Build"菜单。

（1）"Do"子菜单项——从当前语句开始执行程序。程序将连续执行下去，直到遇到断点或程序结束为止。

（2）"Step Into"子菜单项——单步执行语句，即一次执行一个语句。

（3）"Run to Cursor"子菜单项——使程序执行到光标位置。

（4）"Attach to Process..."子菜单项——直接进入到正在运行的进程中。

8．"Debugger Remote Connection..."菜单项。

选择该菜单项将弹出"Debugger Remote Connection"对话框，编辑远程调试连接设置。

9．"Execute XXX"菜单项。

该菜单项用于启动执行当前项目中的可执行文件（正确编译并连接后产生的可执行文件）。

10．"Set Active Configuration..."菜单项。

选择该菜单项将弹出"Set Active Configuration"对话框，用于设置活动项目的配置。

11．"Configurations..."菜单项。

选择该菜单项将弹出"Configurations"对话框，用于编辑项目配置。

12．"Profile..."菜单项。

选择该菜单项将弹出"Profile"对话框，用于控制程序高效运行。

七、"Tools"菜单

"Tools"菜单包含激活常用工具、更改菜单项设置的命令等。

1．"Source Browser..."菜单项。

选择该菜单项将弹出"Browse"对话框，允许用户浏览有关资源，如源程序中的符号信息、定义某个符号的源程序代码行、基类与派生类之间的关系、调用函数与被调用函数之间的关系等。

2."Close Source Browse File"菜单项。

该菜单项用于关闭已打开的资源浏览信息文件。

3."Spy ++ "菜单项。

Spy ++ 是一个实用程序,可用它来显示系统进程、线程、窗口和窗口消息等。

4."Customize..."菜单项。

选择该菜单项将弹出"Customize"对话框,用于定制命令、工具栏、工具菜单等。

5."Options..."菜单项。

选择该菜单项将弹出"Options"对话框,用于设置 VC ++ 6.0 的环境。

6."Macro..."菜单项。

选择该菜单项将弹出"Macro"对话框,用于创建和编辑宏文件。

7.其他菜单项。

其他的菜单项都将启动相应的工具程序。

八、"Windows"菜单

"Windows"菜单包含用于控制窗口属性的命令。

1."New Window"菜单项。

该菜单项用于打开一个新窗口。

2."Split"菜单项。

该菜单项用于将一个窗口分为几个窗口。

3."Docking View"菜单项。

该菜单项用于打开或关闭 Docking View 窗口。

4."Close"菜单项。

该菜单项用于关闭当前活动的窗口。

5."Close All"菜单项。

该菜单项用于关闭所有打开的窗口。

6."Next"菜单项。

选择该菜单项将把下一个窗口作为活动窗口。

7."Previous"菜单项。

选择该菜单项将把上一个窗口作为活动窗口。

8."Cascade"菜单项。

选择该菜单项将重叠(串行)排放当前打开的所有窗口。

9."Tile Horizontally"菜单项。

选择该菜单项将横向平铺当前打开的所有窗口。

10."Tile Hertically"菜单项。

选择该菜单项将纵向平铺当前打开的所有窗口。

11."Windows..."菜单项。

选择该菜单项将弹出"Windows"对话框,用于管理当前打开的窗口。

九、"Help"菜单

"Help"菜单包含 VC ++ 提供的各种联机帮助信息。

十、"Debug"菜单

启动调试程序后，把"Build"菜单改为"Debug" 菜单，该菜单提供了调试程序的各种命令。

1. "Go"菜单项。

从当前语句启动或继续执行程序。程序将连续执行下去，直到遇到断点或程序结束为止。

2. "Restart"菜单项。

选择该菜单项将重新开始执行程序。当程序运行过程中找到运行错误，作了某种修改后，使用该命令来重新开始执行程序。

3. "Stop Debugging"菜单项。

选择该菜单项将中断当前的程序调试过程并返回正常的编辑状态，即恢复"Build"菜单。

4. "Break"菜单项。

选择该菜单项将中断程序的执行。在程序的执行过程中，希望程序运行时不要使用该命令。

5. "Step Into"菜单项。

选择该菜单项将单步执行程序，即一次执行一个语句，当执行到某一函数调用语句时，进入该函数内部，并开始单步执行。这种调试方式可观察函数的执行过程。

6. "Step Over"菜单项。

选择该菜单项将单步执行程序，即一次执行一个语句，当执行到某一函数调用语句时，执行完函数调用语句后，直接单步执行函数调用语句后面的语句。这种调试方式不可观察函数的执行过程，即不能进入该函数内部观察执行的情况。

7. "Step Out"菜单项。

与菜单"Step Into"配合使用，当进入函数内部进行单步执行时，不希望再单步执行这个函数，可选择该菜单项要求系统把该函数连续执行完，即结束函数的单步调试。

8. "Run to Cursor"菜单项。

使程序运行到当前光标所在的位置。要观察某一段程序执行后的中间结果时，常用该命令。先将光标移到某一行，然后选择该命令。

9. "Step Into Specific Function"菜单项。

选择该菜单项将单步执行特定的函数。

10. "Exceptions..."菜单项。

选择该菜单项将弹出"Exceptions"对话框，显示与当前程序有关的异常事件。程序设计者可定义异常事件的处理函数。

11. "Threads..."菜单项。

选择该菜单项将弹出"Threads"对话框，显示调试程序过程中可用的所有线程，可以挂起或恢复线程的运行。

12. "Modules..."菜单项。

选择该菜单项将弹出"Module List"对话框，显示程序运行的模块。

13. "Show Next Statement"菜单项。

显示接着执行的语句行。

14．“QuickWatch...”菜单项。

选择该菜单项将弹出“Module List”对话框，可以查看、修改变量的值，也可以将变量或表达式加入到“Watch”窗口中。